U0659271

典型军事强国
海军装备保障研究

史腾飞　钱　中　徐智斌　编著

哈尔滨工程大学出版社
Harbin Engineering University Press

内 容 简 介

本书由宏观到微观系统地研究了典型军事强国海军装备维修保障相关情况,主要包括海军装备及其维修保障概况、保障管理、保障力量、保障运作及人才培养、先进技术以及维修保障案例等。

本书可作为海军装备维修保障相关领域科研人员的参考书,也可为相关单位提供典型军事强国海军装备维修保障方面的最新动向情报信息。

图书在版编目(CIP)数据

典型军事强国海军装备保障研究/史腾飞,钱中,徐智斌编著.—哈尔滨:哈尔滨工程大学出版社,2023.6
ISBN 978-7-5661-4022-7

Ⅰ.①典… Ⅱ.①史… ②钱… ③徐… Ⅲ.①海军-装备保障 Ⅳ.①E925

中国国家版本馆 CIP 数据核字(2023)第 117117 号

典型军事强国海军装备保障研究
DIANXING JUNSHI QIANGGUO HAIJUN ZHUANGBEI BAOZHANG YANJIU

选题策划 刘凯元
责任编辑 章 蕾
封面设计 李海波

出版发行 哈尔滨工程大学出版社
社 址 哈尔滨市南岗区南通大街 145 号
邮政编码 150001
发行电话 0451-82519328
传 真 0451-82519699
经 销 新华书店
印 刷 哈尔滨午阳印刷有限公司
开 本 787 mm×1 092 mm 1/16
印 张 9.75
字 数 206 千字
版 次 2023 年 6 月第 1 版
印 次 2023 年 6 月第 1 次印刷
书 号 ISBN 978-7-5661-4022-7
定 价 48.00 元
http://www.hrbeupress.com
E-mail:heupress@ hrbeu.edu.cn

前　　言

　　装备保障是研究装备全寿命周期中战备完好与任务持续能力形成和不断提高的系统工程。装备维修保障作为保持和恢复装备性能的实践活动,对提高部队战斗力至关重要,是装备保障的关键环节,是维持装备战备水平的重要手段。近年来,美军针对未来高端战争准备,持续强化装备维修保障等重点战备事项,相关领域成效显著。

　　本书以美海军装备维修保障为研究对象,聚焦海军舰船、航空装备等武器系统维修,研究海军装备维修保障理念和模式,分析装备维修领域中管理及实施情况,以了解其维修工作的管理和运作,并对海军装备维修过程中采用的先进技术进行梳理,最后以案例的形式进一步分析美海军在近现代局部战争中装备维修工作的相关情况。

　　本书共分为6章。

　　第1章为美海军装备及其维修保障概况,从美海军装备基本情况入手,系统概述了其维修保障的主要理念、政策法规以及最新举措。

　　第2章为美海军装备维修保障管理,通过美海军装备维修保障管理架构引入,系统概述了舰船装备和航空装备相应的维修管理机构及运行机制。

　　第3章为美海军装备维修保障力量,通过美海军装备维修保障力量的主要架构引入,系统概述了装备维修保障力量的具体构成和主要特点。

　　第4章为美海军装备维修保障的运作及人才培养,分别梳理了美海军装备维修工作中维修作业体系及运行、器材保障、人才培养体系等内容。

第 5 章为美海军装备维修的先进技术,通过介绍美海军装备维修的技术概况,系统阐述了先进维修技术的应用情况和主要特点。

第 6 章为美海军装备维修保障案例,分别从局部战争或者维修技术演习等不同角度概述了美海军装备维修工作的具体做法。

本书在编写过程中参考与借鉴了国内外许多学者的理论成果,同时得到了许多专家的细心指导,在此一并表示衷心的感谢!

由于受信息来源、研究经验和编著者的水平所限,书中的疏漏和不当之处在所难免,敬请读者不吝指正。

编著者
2023 年 3 月

目　　录

第1章 美海军装备及其维修保障概况

海军装备工作环境复杂多样,涉及水下、水面、空中乃至空间等多种作战场景。不同作战场景对装备的要求不一,对海军装备维修工作提出了多重挑战。研究美海军为应对挑战不断沉淀的维修保障经验,可为我国海军装备维修发展提供参考和借鉴。本章首先梳理了美海军装备基本情况,概述了当前美海军装备体量;其次研究了美海军装备维修保障的主要理念,梳理了美海军装备维修的政策法规;最后分析了美海军装备维修的最新举措,简要描绘了美海军装备维修的发展趋势。

1.1 美海军装备基本情况

美海军下设7个舰队,在世界各国的海军中,规模较庞大、吨位较高、装备较先进、总体实力较强。美海军部隶属美国国防部,领导海军和海军陆战队两个独立军种,由海军部部长办公室、海军作战部、海军陆战队司令部组成。另外,美国海岸警卫队在战时受美海军部部长指挥、领导。

1.1.1 美海军装备种类

《美国宪法》指出,美国国会"设置海军并建设海军",这奠定了美国发展海军的法定基石。21世纪以来,美海军在一些地区有大规模部署行动,具备了向一些沿海地区战略投送并开展军事活动的能力。美海军以航空母舰(CVN)、攻击核潜艇、大型水面战舰、大型两栖舰船和补给舰等舰船装备为主体,并配备舰载航空装备及海军陆战队装备,涵盖弹药、战车和小型武器等,这些构成了美海军的装备体系。

1.1.1.1 美海军舰船装备

美海军拥有世界上较大、种类较全的舰船装备体系,截至2022年4月18日,美海军拥有247艘战斗舰船[①],包括11艘航空母舰、92艘巡洋舰(CG)和驱逐舰

---

① 参见 Congressional research service defense primer: naval forces. April 21, 2022. https://crsreports. congress. gov/product/pdf/IF/IF10486。

（DDG），以及 59 艘小型水面战舰和战斗后勤部队舰船。其潜艇舰队由 52 艘攻击潜艇、14 艘弹道导弹潜艇（SSBN）和 4 艘巡航导弹潜艇组成。美海军舰船装备数量见表 1-1。

表 1-1　美海军舰船装备数量

装备类型	级别	现役数量	合计	备注
航空母舰	"福特"级	1	11	计划①10 艘
	"尼米兹"级	10		—
两栖攻击舰	"黄蜂"级	7	9	—
	"美国"级	2		计划 11 艘
两栖指挥舰	"蓝岭"级	2	2	—
两栖运输舰	"圣安东尼"级	12	12	计划 13 艘
船坞登陆舰	"哈珀斯费里"级	4	10	—
	"惠德贝岛"级	6		—
巡洋舰	"提康德罗加"级	20	20	—
驱逐舰	"阿利·伯克"级	72	72	计划 82 艘
	"朱姆沃尔特"级	0	0	计划 3 艘
护卫舰	"星座"级	3	3	计划 20 艘
近海战斗舰	"自由"级	10	23	计划 16 艘
	"独立"级	13		计划 19 艘
扫雷舰	"复仇者"级	8	8	—
海岸巡逻舰（PC）	"旋风"级	5	5	—
潜艇母舰	"埃默里·S. 兰德"级	2	2	—
弹道导弹潜艇	"俄亥俄"级	14	14	—
巡航导弹潜艇	"俄亥俄"级	4	4	—
攻击潜艇	"洛杉矶"级	28	52	—
	"海狼"级	3		—
	"弗吉尼亚"级	21		计划 66 艘

注：是 2022 年制订的计划。

美海军的弹道导弹潜艇用于执行战略核威慑任务。美海军的其他舰船，有时被称为海军通用舰船，通常是多任务舰船，能够执行除战略核威慑以外的各种任务。海军通用舰船的主要类型包括攻击核潜艇、航空母舰、大型水面战舰（即巡洋舰和驱逐舰）、小型水面战舰（即护卫舰（FFG）、近海战斗舰（LCS）、扫雷舰

（MIW）、海岸巡逻舰和各类两栖舰船）等。其中两栖舰船的主要任务是将海军陆战队及其装备运送到作战区域，并支持海上船到岸的移动；战斗后勤部队舰船主要执行在途补给任务，即对作战舰船进行海上补给。

1.1.1.2 海军航空装备

第二次世界大战以来，飞机在美海军作战任务中发挥了极为重要的作用。截至 2022 年 6 月 14 日，美海军共拥有 4 012 架飞机，部分航空装备及数量见表 1-2，其整体规模超过了美空军。这些飞机可执行作战、预警、指挥和控制、电子战、海上巡逻、运输和监视等多样化任务。特别是在当今，航空母舰打击群作为主要作战力量，通常由航空母舰、导弹巡洋舰、导弹驱逐舰、护卫舰、攻击型核潜艇和补给船等构成。航空母舰配备舰载航空兵联队，这些舰队的作战力量在海上作战中具有极为优越的杀伤力和战斗空间感知能力，极大地支持了海上控制、远距离投射等各类海上任务。美航空兵联队还配备有固定翼和旋翼、有人和无人等一系列各类航空装备。美海军陆战队航空装备则以旋翼机、直升机以及战斗机为主，现役共有 1 211 架飞机[①]。美海军陆战队部分航空装备及数量见表 1-3。

表 1-2 美海军部分航空装备及数量

飞机类型	飞机型号	变体型号	现役数量/架	备注
战斗机	F/A-18"超级大黄蜂"	F/A-18E/F	556	订购 58 架 131 架用于训练
	F-35"闪电Ⅱ"	F-35C	26	订购 255 架 13 架用于训练
预警机	E-2"鹰眼"	E-2C/D	97	订购 27 架
电子侦察机	EP-3"白羊座Ⅱ"	EP-3E	12	—
通信指挥机	E-6"水星"	E-6B	16	—
电子战飞机	EA-18"咆哮者"	EA-18G	153	—
海上巡逻机	P-3"猎户座"	P-3C	28	将被 P-8"波塞冬"取代
	P-8"波塞冬"	P-8A	112	订购 18 架
加油机	KC-130"大力神"	KC-130T	10	—
运输机	C-2"灰狗"	C-2A	33	
	C-12"休伦"	UC-12	13	
	C-20"湾流"	C-20G	3	

---

① 数据来源：《世界现代军用飞机名录（2023）》。

表 1-2（续）

飞机类型	飞机型号	变体型号	现役数量/架	备注
运输机	C-26"地铁"	C-26D	8	—
	C-38"信使"	C-38A	2	测评机与教练机
	C-40"快船"	C-40A	17	—
	C-130"大力士"	C-130T	17	—
	C-130J"超级大力士"	C-130J	1	—
旋翼机	V-22"鱼鹰"	CMV-22B	12	订购 18 架以更换 C-2
直升机	MH-53"海龙"	MH-53E	29	—
	HH-60"救援鹰"	HH-60H	8	—
	MH-60"海鹰"	MH-60R/S	561	—
	SH-60"海鹰"	SH-60B/F	189	—
教练机	TH-57"海洋游侠"	TH-57B/C	115	贝尔 206 的军用型号
	UH-72"拉科塔"	UH-72A	5	—
	TH-73"捶打者"	TH-73A	3	订购 128 架
	U-1"水獭"	U-1B	1	—
	U-6"海狸"	U-6A	2	—
	F-5"虎Ⅱ"	F-5F/N	31	—
	F-16"战隼"	F-16A/B	14	—
	F/A-18"超级大黄蜂"	F/A-18A/B/C/D	68	—
	T-6"得克萨斯二号"	T-6A/B/C	293	订购 29 架
	T-34"导师"	T-34C	13	—
	T-38"利爪"	T-38A	10	—
	T-44"飞马"	T-44A	56	—
	T-45"苍鹰"	T-45C	191	—
无人机	MQ-8"火力侦察兵"	MQ-8A/B	30	—
	MQ-8C"火力侦察兵"	MQ-8C	19	—

注：数据来源于《2022 年世界空军名录》。

表 1-3　美海军陆战队部分航空装备及数量

飞机类型	飞机型号	变体型号	现役数量	备注
战斗机	F/A-18"超级大黄蜂"	F/A-18A、B/C/D	273	——
	F-35"闪电Ⅱ"	F-35B	57	订购 255 架 13 架用于训练
	F-5"虎Ⅱ"	F-5F/N	12	——
	AV-8B/+"鹞式Ⅱ"	AV-8B/+	97	——
加油机	KC-130"大力神"	KC-130J	52	
运输机	UC-35	UC-35 C/D	12	将被替换/升级到 UC-35 ER
	C-12"休伦"	UC-12W/M/F	14	——
	C-20"湾流"	C-20G	2	——
	VH-3D"海王"	VH-3D	11	——
	VH-60N"白鹰"	VH-60N	8	
旋翼机	V-22"鱼鹰"	CMV-22B	360	
直升机	AH-1Z"蝰蛇"	AH-1Z	90	计划 189 架
	CH-53E"超级种马"	CH-53E	142	
	UH-1Y"毒液"	UH-1Y	160	
	K-MAX	K-MAX	1	无人直升机
无人机	RQ-7B"影子"	RQ-7B	50	——
	MQ-8B"火力侦察兵"	MQ-8B	27	
	MQ-9"死神"	MQ-9	8	

注:数据来源于《2019 财年海上航空计划》《2021 财年美国军队:海军陆战队》。

1.1.1.3　美海军武器装备

美海军战斗群使用现代化作战指挥系统、探测装备和远程武器,以航空母舰为中心,沿威胁轴线呈圆形、梯形、直线形以及动态队形分散部署,对选定目标进行集中攻击或空中对抗,对敌全纵深进行打击。美海军装备适用场景为水下、水面、空中乃至空间等。其武器装备包括舰载、机载武器系统,雷达系统,导弹、鱼水雷火炮等,见表 1-4。

表1-4 美海军武器装备

武器系统	宙斯盾武器系统	AN/SQQ-89(V)综合反潜战系统	近海战斗舰-反潜战任务包	MK41垂直发射系统
	AGM-154联合防区外武器	AN/USQ-T46战斗部队战术训练系统	近海战斗舰-水雷对抗任务包	MK53诱饵发射系统
	ALQ-99战术干扰系统	AN/UYQ-100水下作战决策支持系统	近海战斗舰-任务模块	MK60格里芬导弹系统
	AN/AES-1机载激光探雷系统	联合作战系统	近海战斗舰-水面作战任务包	下一代干扰器中频带系统
	AN/ASQ-235空中排雷系统	排雷系统	MK15"密集阵"近防武器系统	SeaRAM舰船防御系统
	AN/SQQ-34舰母战术支援系统	联合直接攻击弹药	MK38式25毫米舰炮	水雷对抗无人水面车辆
雷达	AN/BPS-15/16导航雷达	AN/SPS-74(V)潜望镜探测雷达	AN/SPS-73(V)对海搜索和导航雷达	AN/SPS-67(V)对海搜索、导航雷达
	AN/SPQ-9B火控雷达	AN/SPS-49(V)对空搜索雷达	AN/SPS-48G对空搜索雷达	
弹药	MK110 Mod0型57毫米舰炮	MK45 Mod2/Mod4型127毫米舰炮	MK46鱼雷	MK48鱼雷系列
	MK50鱼雷	MK54轻型组合鱼雷	MK75式75毫米舰炮	海麻雀导弹
	AGM-114B/K/M/N"地狱火"空对地导弹	AGM-65"幼畜"空地导弹	ATM-120"先进中距空空导弹"	AIM-9X"响尾蛇"近距空空导弹
	改进型海麻雀导弹	"鱼叉"反舰导弹	RIM-116液体导弹	"三叉戟"Ⅱ型潜射弹道导弹
	SLAM-ER超音速低空导弹	"标准"系列导弹	"战斧"巡舰导弹	"垂直发射阿斯洛克"反潜导弹

精确打击弹药的射程和精度至关重要。海军的作战平台主要在冲突区域和接近冲突区域发挥作用,其舰船作战能力强,但体积大,数量少,而且海军战术飞机的航程非常短,易导致对方建成强大的防御区(通常称为"反介入/区域拒止"区)。2019年,美海军的一种解决方案是,将远程精确打击弹药装载于现有的舰船或飞机上,让海军作战平台远离最危险的区域,但仍能参与战斗。美海军已制定了新的"进攻型导弹战略"(OMS),尽管细节保密,但该战略的目的是保持现有弹

药库存数量,提升弹药作战性能,并开发新一代打击导弹。

此外,美海军陆战队还配备陆地车辆以执行两栖突击作战。其配合美海军舰队,可快速抵达全球冲突地区以执行战斗任务。美海军的陆地车辆有多功能车、战术卡车、防地雷反伏击车、水陆两栖运输车以及特种突击车等。美海军陆战队陆地车辆种类更为丰富,有轻型通用车、工程和支援车、步兵战车、自行火炮等,可执行侦察、运兵、攻击、火力支援、工程等任务,其功能仍在不断扩展。特别是近几年研发或改进的车辆,不仅提升了机动性能等战技指标,同时注重增强装备感知、通信和战斗能力。

1.1.2　美海军装备规模

美海军以美国国防部发展规划为依据,并结合自身情况制定装备发展策略。其中,美海军重点发展航空母舰打击群等作战力量。根据 2017 年美海军作战部部长发布的第 3501.316C 号指令,航空母舰打击群包括 1 艘航空母舰、5~7 艘导弹巡洋舰或驱逐舰、1 支舰载机联队。根据作战任务需要,有时航空母舰打击群也会配备核潜艇和部分后勤补给舰船。美国"尼米兹"级航空母舰打击群装备配置如图 1-1 所示,根据这种配置对美海军装备整体规模做一个初步界定,对美海军装备规模发展具有指导意义。

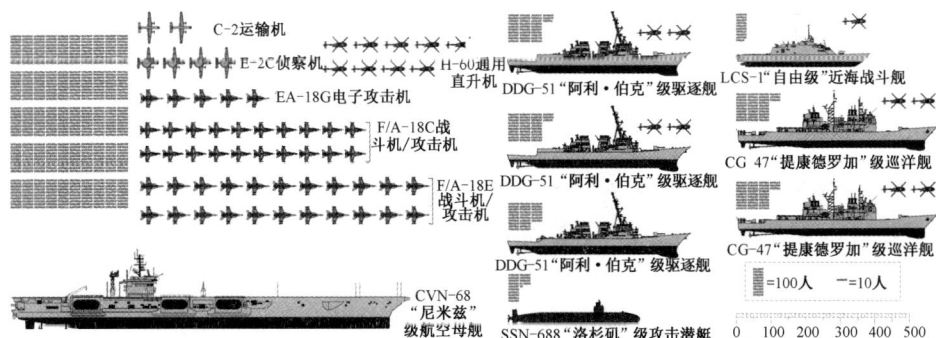

图 1-1　美海军航空母舰打击群装备配置(单位:英尺①)

1.1.2.1　美海军舰船装备发展

美海军对于未来舰船装备的趋势给出了明确的发展目标。2016 年 12 月,美海军发布了《舰队结构评估》,要求实现并维持由 355 艘舰船组成的舰队。2021 年

---

①　1 英尺 ≈ 0.305 米。

6月17日,美海军发布了《2022财年30年造舰计划》,此计划概述了未来海军舰船数量为321~372艘载人舰船和77~140艘大型无人艇。在2022年4月20日发布的《2023财年30年造舰计划》中又调整为321~404艘载人舰船和45~204艘大型无人艇。2022年7月,美国国会要求美海军部提交了一份"作战部队舰船评估和需求"(battle force ship assessment and requirement,BFSAR)报告,报告中提出海军需拥有373艘作战舰船。尽管美海军对于未来舰船装备的数量规模存在小规模浮动,但整体上处于一个稳定范围,符合评估要求。

美海军提出的舰船发展计划,一方面强调海基航空力量,首先是以调整核动力航空母舰规模为目标。考虑到美国近来的经费和装备现状,美海军航空母舰很可能在较长时间内维持在11艘①,主要通过维修来延长其使用寿命。其次是发展多艘中型航空母舰,与核动力航空母舰搭配使用。例如,2017年起美海军以两栖攻击舰为基础进行探索,提出"闪电航空母舰"概念,并已着手对部分"黄蜂"级和"美国"级两栖攻击舰进行改造。最后是调整两栖战舰舰船体系结构。美海军在《战斗部队2045》愿景中提出,综合考虑美海军陆战队转型需求后,将两栖战舰数量增加为50~60艘,更加注重登陆作战能力与灵活机动性。另一方面提升大中型战斗舰船规模,中型水面舰目标为60~70艘,并通过携带更多有效载荷弥补舰船数量减少后火力不足的问题。此外,还要加强无人装备的应用,引入140~240艘大中型无人水面舰和超大型无人潜航器,将其作为美海军未来装备发展的重点;为满足作战需求,还需相应增加战斗后勤部队舰船,预计需要70~90艘,从而构建规模更大、能力更强的保障体系。

1.1.2.2 美海军航空装备发展

美海军航空装备主要包括舰载战斗机、预警机以及海上巡逻机等。2022年,美国航空母舰数量基本不变,意味着海军舰载机联队的规模基本不变。海军航空装备组成如图1-2所示。从图中可以看出,2022年,美海军航空装备仍以固定翼战斗机和直升机为主,用于在海上开展各项军事活动。此外,由于海上环境的特殊性,为保证美海军正常开展训练任务,还配置了较高比例的教练机。需要注意的是,在美军推动装备无人化与智能化的背景下,美海军大力投资无人机,并投放到航空母舰上。预计未来无人机占舰载机编队的比例将达到60%以上。

美海军在《海军航空愿景2030—2035》中展望了未来美海军航空装备的发展方向,并阐述了美海军的未来愿景,希望美海军航空兵司令部能够整合海基和陆

---

① 2020年10月初,时任美国国防部部长的埃斯珀提出航空母舰的目标为8~11艘。

基飞机、有人驾驶与无人驾驶飞机(图 1-3)等各种航空资源,构建一支持久作战、敏捷部署、灵活编配的部队,形成快速响应能力。

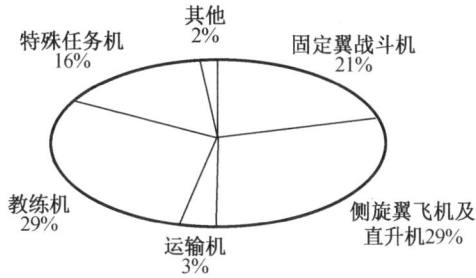

图 1-2　2022 年美海军航空装备类型占比

图 1-3　"乔治·布什"号航空母舰上的 MQ-25 无人机

1.1.2.3　美海军陆战队航空装备发展

美海军陆战队的航空装备包括固定翼战斗机、直升机、旋翼机等。相比于美海军的航空装备,美海军陆战队更注重航空装备的远程打击能力,即是否具有更远航程和更强攻击力,并且其更加注重战术性能和机动性。另外,根据任务要求,其必须配备直升机进行空中支援,故海军陆战队的航空装备以直升机与旋翼机为发展重点,用于提供空中火力支援和战术运输等。

《2022 年海军陆战队航空计划》中指出,美海军陆战队航空装备未来 5 年的发展侧重于航空电子设备和软件升级、武器现代化和数字交互性能提升。值得注意的是,出于财政压力考虑,美海军陆战队制定了多种航空装备过渡计划表,在采购新装备的同时,减少了旋翼中队以及每个中队中固定翼战斗机的数量。

1.1.3　美海军装备部署情况

人们在大多数国家都能见到美军的身影,其中有 16 万~18 万名美现役军人驻扎在美国领土之外。除了执行战斗任务外,美军通常还会参与全球的"维和"任务,或者执行保护大使馆和领事馆安全的任务。此外,有将近 4 万名美现役军人被分配到秘密地点执行秘密任务。

随着伊拉克战争的结束,美军在中东地区兵力部署逐渐减少。近年来,美军不断调整其兵力部署,在强调印度洋、太平洋(以下简称"印太")地区战略的基础上,呈现了印太地区和欧洲两个重点区域部署态势。

2022 年,美海军有 298 艘战斗舰船,距离美海军拥有 355 艘舰船的目标仍存在一定差距,意味着在未来一段时间内,美海军将会加速舰船装备的研制生产,以满足舰船装备需求。需要注意的是,舰船数量的不断增长,一方面,会导致各种舰载航空装备等配套武器系统相应增加,不仅会增加美海军装备研发资金需求,也会在一定程度上挤压装备维修资金投入的占比,从而给美海军装备维修带来更大压力;另一方面,结合美军兵力部署调整来看,美军在中东地区战略收缩,重点转移至印太地区,同时随俄乌冲突的演进,加强了美军在欧洲的兵力部署。尽管当前美海军维持着较高的任务率,但目前没有参与大规模军事冲突,在一定程度上缓解了装备维修需求,为美海军装备维修发展提供了一个有利时期,使其能够从维修保障理念、技术以及应用等多个层次对过往经验进行总结,促进了美海军装备维修的螺旋式发展。

美海军装备部署充分考量了装备性能和部队任务等多种因素,为了保障前沿部署生存能力,一些美海军舰船的母港位于前沿位置。美海军最大的前沿母港位于日本,部署有航空母舰打击群、两栖戒备群以及水雷战舰。更多的海军舰船部署在太平洋、波斯湾(在巴林)和地中海或附近(在西班牙和意大利)的前沿母港。美海军航空母舰母港位置见表 1-5。

表 1-5　美海军航空母舰母港位置

航空母舰	海军舰载机联队	母港位置	备注
"尼米兹"号 (CVN 68)	第十七航空母舰联队 (CVW-17 NA)	华盛顿州 基萨普布雷默顿	2025 年退役
"德怀特·D.艾森豪威尔"号(CVN 69)	第三航空母舰联队 (CVW-3)	弗吉尼亚州诺福克	—

表 1-5(续)

航空母舰	海军舰载机联队	母港位置	备注
"卡尔·文森"号 (CVN 70)	第二航空母舰联队 (CVW-2)	加利福尼亚圣地亚哥	—
"西奥多·罗斯福"号 (CVN 71)	第十一航空母舰联队 (CVW-11)	华盛顿州 基萨普布雷默顿	—
"亚伯拉罕·林肯"号 (CVN 72)	第九航空母舰联队 (CVW-9)	加利福尼亚州 圣地亚哥	—
"乔治·华盛顿"号 (CVN 73)	未分配	弗吉尼亚州诺福克	—
"约翰·C.斯坦尼斯"号 (CVN 74)	未分配	弗吉尼亚州诺福克	—
"哈里·S.杜鲁门"号 (CVN 75)	第一航空母舰联队 (CVW-1)	弗吉尼亚州诺福克	—
"罗纳德·里根"号 (CVN 76)	第五航空母舰联队 (CVW-5)	日本横须贺	—
"乔治·布什"号 (CVN 77)	第七航空母舰联队 (CVW-7)	弗吉尼亚州诺福克	—
"杰拉尔德·R.福特"号 (CVN 78)	第八航空母舰联队 (CVW-8)	弗吉尼亚州诺福克	—

尽管美海军航空母舰母港位置在美国本土以及日本横须贺基地,但出于军事行动、医学救助、演习训练等多任务考虑,航空母舰连同其他舰船组成的编队需经常离开母港到指定区域执行相关任务。在表 1-6 所示的 2022 年美海军 292 艘舰船中,已经部署了 102 艘,正在部署的有 76 艘,美海军约部署了 61%的舰船装备。目前美国将重心放在印太地区与欧洲,故海军装备主要配属于这两个区域的第六、第七舰队。

在美海军舰船实际部署过程中,航空母舰打击群通常配备 1 艘"提康德罗加"级巡洋舰和若干艘"阿利·伯克"级驱逐舰执行任务。此外,每艘航空母舰还配备了 1 个舰载机联队。每个舰载机联队一般配备 4 个 F/A-18 或 F-35C 的战斗攻击机中队、1 个 E-2C 或 E-2D 预警机的预警中队、1 个 MH-60S 直升机的海上战斗中队、1 个 MH-60R 直升机的海上打击直升机中队、1 个 EA-18G 的电子战飞机中队和 1 个 C-2A 的运输机小队。

表1-6　美海军在役舰船及舰队配属舰船

总战斗力/艘	已部署/艘	正在部署/艘		
292 (USS 236,USNS 56)①	102	76 (其中50艘已明确配属舰队)		
舰队配属舰船/艘				
第二舰队	第三舰队	第四舰队	第五舰队	第六舰队	第七舰队	全部
6	1	3	12	23	57	102

注:①USS(united states ship)意为美国舰船,美海军现役作战舰船的名称前有此前缀;如果是军辅船,则前缀是"USNS"(united states naval ship),意为美海军舰船。USNS的船不是"作战舰船",船上大多数船员是美国平民,而不是军人。

1.2　美海军装备维修保障的主要理念

装备维修是保持和发挥装备作战效能的重要支撑,是装备全寿命周期的关键环节。随着科技的发展,装备维修复杂度越来越高,装备维修保障理念需不断发展,以适应装备发展与现代化战争的需求变化。本节从装备维修保障理念的发展变化出发,梳理了美海军装备维修保障理念的演变历程,对部分主要理念与未来发展趋势进行了分析。

1.2.1　美海军装备维修保障理念的发展变化

装备维修保障(也曾称为维修思想、理论、原则、策略等)的发展离不开装备和装备保障体系的发展。装备全寿命周期管理(product lifecycle management,PLM)就是把装备的整个全寿命周期作为管理对象,从装备论证、设计、制造、使用、维修直到报废的各个阶段进行相应的组织协调、监督控制,使整个管理过程更加系统、高效、统一,并具有可追溯性,在经济可承受范围内保证装备达到最佳的战备完好性水平。基于性能的保障(performance based logistics,PBL)则是一种针对具体型号装备提出的全新保障理念,旨在将保障作为一个可承受的综合性能包来购买,优化装备的战备完好性。

新技术的发展和装备维修保障人员对于过去经验的总结,可促使装备维修理念发生转变,催生新的装备维修保障理念。不同的故障原因、故障模式、装备类型,甚至不同装备单元都需要不同的维修保障理念,因此需要用特定的方法来保证装备的正常运行,即形成不同的装备维修保障理念,其目的都是维持装备正常使用以满足作战需求。如图1-4所示,美海军装备维修保障理念总体上呈现由被动式向主动式发展的态势,同时装备维修技术水平不断提高。

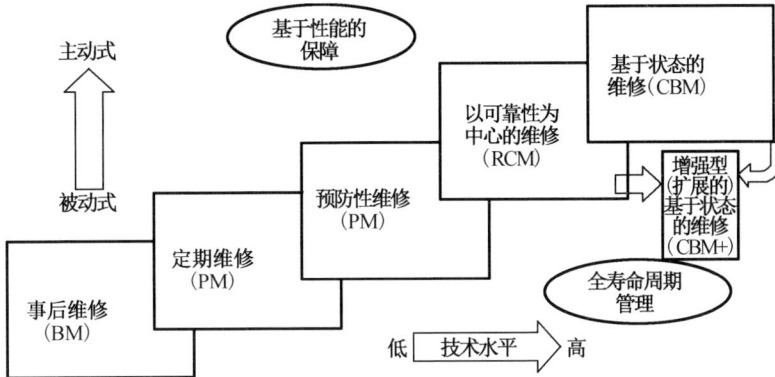

图1-4　美海军装备维修保障理念演变

1.2.1.1　事后维修

事后维修(breakdown maintenance,BM),是指在装备发生故障时对其进行维修,尽管容易与没有维修策略这种情况相混淆,但作为一种装备维修保障理念,能够最大化地利用装备。在装备出现故障时再维修不仅可以节省资金,而且可以保持较小的维修团队,只需要少数的技术人员即可,可通俗理解为"如果它没有坏,就不要维修它"。该理念可作为许多非重要装备部件的维修保障理念。但对于一些核心装备部件使用该理念,可能会导致大量计划外的装备停机与产生更高的维修费用。

1.2.1.2　定期维修

定期维修(periodic maintenance,PM),是指在装备寿命周期中,依据装备或部件的质量来确定维修间隔期以开展维修。该理念只需要按照时间表完成维修工作即可,维修管理较为简单,但维修间隔期是根据过去经验数据的平均值来确定的,在实际维修过程中可能存在随机性偏差。

1.2.1.3　预防性维修

预防性维修(preventive maintenance,PM),与定期维修相比,主要是按检查和维修计划来确定装备是否需要进行维修,便于发现和解决装备存在的小问题。预防性维修有两种形式,基于时间或使用,并通过多次维修循环形成装备检查和维修清单,这样可以避免检查装备所有器件,降低维修频率,但也可能出现维修过度,造成浪费和增加额外风险。

1.2.1.4 以可靠性为中心的维修

以可靠性为中心的维修(reliability centered maintenance,RCM),属于计划维修概念范畴,是确保系统在当前使用环境中继续执行用户需要的操作,是反应式、基于时间或间隔、基于状态和主动维修活动的最佳组合。这些主要的维修策略不是单独使用,而是整合在一起,以利用它们各自的优势,最大限度地提高装备的可靠性和降低寿命周期费用。以可靠性为中心的维修程序的组成部分如图 1-5 所示。

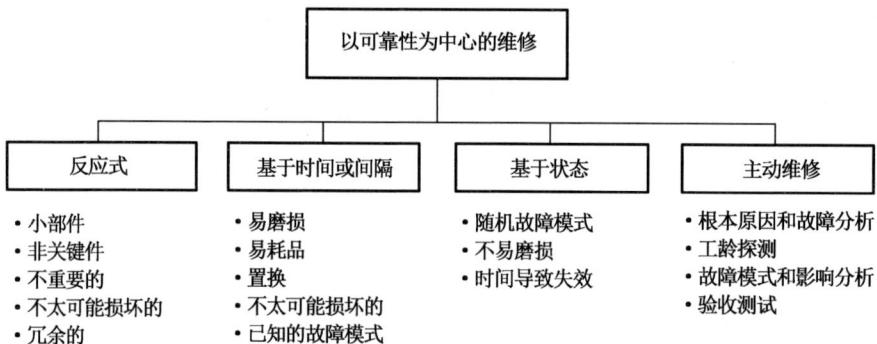

图 1-5 以可靠性为中心的维修程序的组成部分

1.2.1.5 基于状态的维修

基于状态的维修(condition based maintenance,CBM),作为一种主动维修理念,它监控装备的实际状况来确定维修需要。基于状态的维修规定只有某些指标显示性能下降或即将发生故障的迹象时才执行维修。这些指标的测量可通过非嵌入性测量、目视检查、性能数据和测试等方式获得,可间隔或连续收集数据(类似于装备内部装有传感器)。该理念适用于关键装备部件和非关键装备部件。基于状态的维修的优缺点见表 1-7。

表 1-7 基于状态的维修的优缺点

编号	优点	缺点
1	在装备运行时可进行,从而减少了非正常停机概率	状态监测测试设备安装成本高,数据库分析成本高
2	降低装备故障的损失	培训员工的费用相对高,需要专业人员来分析数据并开展工作
3	提高设备可靠性	使用该理念不易检测到疲劳或连续磨损故障

表 1-7(续)

编号	优点	缺点
4	最大限度地减少由致命性故障导致的计划外停机时间	状态传感器可能无法在使用环境中安装
5	最大限度地减少维修时间	可能需要改变系统配置,增加传感器来响应数据
6	通过预定任务安排将维修费用降至最低	维修期不可预测
7	最大限度地减少应急备件的需求	—
8	优化维修间隔(比制造商建议更优化)	—
9	保障人员安全	—
10	减少系统造成二次损害的机会	—

1.2.1.6　增强型(扩展的)基于状态的维修

随着装备升级以及技术发展,逐渐衍生出增强型(扩展的)基于状态的维修(condition based maintenance Plus,CBM+)。它是维修活动从工业时代向信息时代转变的必然发展,是通过一定的流程、技术和基于知识的能力应用与集成,以提高装备组件的可靠性和维修效率。增强型(扩展的)基于状态的维修的核心是以以可靠性为中心的维修为基础,并结合其他支持流程和技术需求开展维修活动。增强型(扩展的)基于状态的维修使用系统工程方法来收集数据、分析并支持系统采购、维持和运营决策过程,以提高武器系统整个寿命周期的费用效益。

1.2.1.7　预测性维修

此外,还有预测性维修(predictive maintenance,PDM),其本质上与基于状态的维修相同,不同之处在于其是对数据进行分析以准确预测未来故障的。通过使用数据分析工具和技术来检测操作中的异常以及设备、流程中可能存在的缺陷,以便在它们出现故障之前对其进行修复。因为只在确有必要时才维修,所以与日常或定期进行的预防性维修相比,预测性维修更节约费用。

1.2.2　美海军装备维修保障理念的分析

美海军舰船不仅造价高,而且维修保障费用更加昂贵。20 世纪 70 年代,美海军驱逐舰的采购费用占全寿命周期费用的 25%~40%,而维修保障费用占全寿命周期费用的 60%~75%。随着美海军武器装备的复杂性日益增加和大量电子设备的应用,武器装备的维修保障费用不断增加。"冷战"结束后,各国海军军费普遍削减,在兼顾降低维修保障费用的同时保持并提高舰船的完好率。这些因素使得美海军非常重视维修理论的研究和维修保障技术的研发,以提高武器装备的可用性、完好性并降低维修费用。在这种形势下,传统的事后维修、定期维修已经不能满足美海军装备维修保障需求,20世纪60年代后出现的不断完善、改进的以可靠性为中心的维修保障理念等持续推进美海军装备维修保障技术的升级。

1.2.2.1 以可靠性为中心的维修理念分析

1. 以可靠性为中心的维修理念的发展历程

以可靠性为中心的维修理念出现于20世纪60年代中期。当时美国联邦航空局首次应用这种理念制定波音-747飞机维修大纲并获得了成功。20世纪70年代美国国防部开始在军用飞机的维修中推广联邦航空局的经验。20世纪70年代中期,美海军开始在驱逐舰维修中引入以可靠性为中心的维修理念。1979年,在美空军的支持下,斯坦利·诺兰(Stanley Nolan)和霍华德·希普(Howard Shipp)发表了著作《以可靠性为中心的维修》,标志着以可靠性为中心的维修理念和方法正式形成,并称为以可靠性为中心的维修理念或以可靠性为中心的维修方法。

进入20世纪80年代以后,以可靠性为中心的维修理念有了进一步发展。1984年,美国国防部发布4151.16号指令《国防装备维修大纲》,要求采用以可靠性为中心的维修,美国三军则分别制定了适用于本军种的军用标准和手册。美海军早在1981年就发布了MIL-HDBK-266《海军飞机、武器系统和保障设备以可靠性为中心的维修手册》,1986年将该手册修订为军用标准MIL-STD-2173(AS)。1987年10月,美海军发布了4700.7H号海军作战部部长指示(OPNAVINST)中的《用于舰船维修的政策和方法》,该指令明确要求美海军根据以可靠性为中心的维修理念制定舰船的维修策略。美海军应用以可靠性为中心的维修理念,以最低的费用完成相应的维修,从而获得最大的可用性。

进入20世纪90年代以后,以可靠性为中心的维修理念进一步得到发展和应用,包括将以可靠性为中心的维修理念应用于可靠性数据收集、处理及应用等问题的讨论,并通过考虑不确定性因素和风险的影响,提出一种以可靠性和风险为中心的维修分析方法。总体上,美海军在以可靠性为中心的维修研究、应用以及标准制定等方面开展了大量工作。美海军作战部部长根据以可靠性为中心的维修理念于1992年12月在4700.7J号海军作战部部长指示中提出了"基于状态的维修"理念,但在当时,美海军作战中心确立的维修计划仍把以可靠性为中心的维修理念放在首位。2007年,《以可靠性为中心的维修手册》为美海军维修人员提供了参考,将以可靠性为中心的维修理念应用于评估新的预防性维修要求,从而完善舰船计划维修系统(planned maintenance system,PMS)。该系统作为美海军海上系统司令部(Naval Sea Systems Command,NAVSEA)以可靠性为中心的维修认证计划的补充,适用于美海军舰船、系统和设备的开发、修改、审查与授权计划维修系统任务等。

2007 年,美海军又构建了一种修正的以可靠性为中心的维修(backfit reliability centered maintenance,backfit RCM)理念,用于验证和优化维修计划中一些维修任务,结合装备使用情况和故障数据,采用结构化分析方法,以确保当前的维修任务能够有效防止系统或组件故障。该理念首先查看系统和组件是否真实存在需维修的故障,如果已出现系统或组件故障,则分析当前维修任务的适用性和有效性;如果发现故障没有发生,或者在不进行预防性维修的情况下没有发生,则相应的维修任务被认为是不必要的,并将其从维修计划中删除。

2. 以可靠性为中心的维修理念的实施

以可靠性为中心的维修管理工作主要包括建立以可靠性为中心的维修团队、按要求跟踪进度、把握结果以及安排人员组合等,任何以可靠性为中心的维修大纲都是以准确预测任务和提升维修效果为最终目的的。虽然实施以可靠性为中心的维修方法多种多样,但以下六个基本步骤是一般范式,其流程如图 1-6 所示。

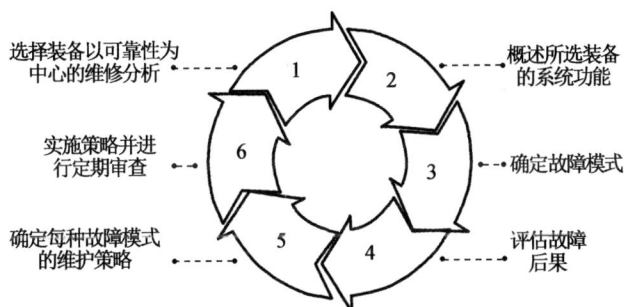

图 1-6　以可靠性为中心的维修流程

(1)步骤一:选择装备以可靠性为中心的维修分析

此步骤选择需执行以可靠性为中心的维修分析的装备,并按一定的标准来选择装备。需要考虑的因素包括装备对作战的重要性、以往的维修费用以及之前的预防性维修费用。

(2)步骤二:概述所选装备的系统功能

此步骤重要的是要了解系统的整体、部分功能,包括其输入和输出。例如,维修装备元件传送带的输入是元件和为传送带提供动力的机械能。

(3)步骤三:确定故障模式

此步骤需要了解系统故障的不同模式。例如,装备元件传送带可能无法足够快地传送元件或无法完全地将它们从一端传送到另一端。

（4）步骤四：评估故障后果

如果发生故障会怎样？装备故障可能导致安全问题和维修费用高，还可能会影响其他设备。维修操作人员、设备专家和技术人员应共同努力，找出装备故障的根本原因。这将有助于确定任务的优先级。

（5）步骤五：确定每种故障模式的维修策略

此步骤为每种严重故障模式选择一种维修策略。它应该在经济上和技术上都是可行的，可以使用基于状态的维修、预防性维修。如果无法针对特定故障模式实施确定的策略，则考虑重新设计维修大纲，直到在所有维修大纲中完全改变或消除该故障模式。

（6）步骤六：实施策略并进行定期审查

为了使以可靠性为中心的维修计划有效，需要实施步骤五中确定的维修策略。实施后，定期审查将有助于改进系统和性能。无论决定对每项装备使用哪种维修策略，都将能够生成额外的数据来改进系统。

以可靠性为中心的维修理念允许美海军为每个装备选择最佳成本效益和最可靠的维修策略。以可靠性为中心的维修大纲可减少不必要的费用，可提高安全性以取消不必要的工作指令。

1.2.2.2 基于状态的维修理念分析

1. 基于状态的维修理念的发展历程

基于状态的维修理念的产生是基于传感器技术、信号处理技术、计算机技术的发展。基于状态的维修的核心思想是在有证据表明故障将要发生时才对设备进行维修，目的是准确地检测和判断运行中的设备所处的状态及其所处的环境条件，利用这些信息对设备未来的可使用寿命做出预测，有针对性地制订出设备维修计划。通常是以提高设备的可靠性、可用性或者降低设备整个寿命周期费用为最终目标。

基于状态的维修能够在部件寿命周期内对其进行检查、更换或维修，并降低停机所产生的维修费用，从而明显降低装备寿命周期费用。做出采用基于状态的维修决策，主要是依赖于准确地评估装备状况。采用基于状态的维修策略，如果传感器数据分析结果判定装备健康状况为良好，则可以减少预防性维修检查。如果发现装备组件可能会发生故障，无论多长时间，都需在它们发生致命性故障之前进行更换。作为一种特别的维修理念，基于状态的维修现在被广泛采用。随着系统工程、维修工具、技术和流程、计算机资源和信息系统技术的发展，基于状态的维修实现了故障预测和维修任务管理，从而为许多部门节省了大量成本。多项研究已经证明了基于状态的维修策略的有效性和经济效益。例如，对航空燃气涡轮发动机的可变定子叶片中瞬态故障的检测就采用了基于状态的维修策略,通过监控和采集燃气涡轮发动机的系统数据,预测叶片磨损,分析涡轮发动机的退化趋势。近几十年来,基于状态的维修已被美海军和美国国防部所接受,因为它能够在问题发生之前进行诊断,降低维修费用,提高任务可靠性,增强安全性,或延长大修之间的时间并减少不必要的停机时间。

在基于状态的维修理念的发展中衍生了增强型(扩展的)基于状态的维修理念,该理念基于以可靠性为中心的维修的客观需求执行维修。美海军海上系统司令部正在采用先进技术来优化维修费用,同时通过使用基于传感器的技术和健康监测来提高装备健康水平,以提高装备的完好率和可用性、改善设备健康状况,保证其达到预期使用寿命。2002 年,美国国防部制定了一项政策,即实施增强型(扩展的)基于状态的维修,以"提高维修敏捷性和响应能力,提高使用可用性,并降低寿命周期费用"。该政策要求增强型(扩展的)基于状态的维修原则上考虑费用效益,可应用于美国国防部的维修和后勤领域。增强型(扩展的)基于状态的维修理念的相关政策和指令的最初版本已经过多次更新并重新发布,其宗旨仍是追求效费比,并贯穿于整个寿命周期。它也是美国国防部推荐使用的主要策略。

增强型(扩展的)基于状态的维修理念不是一个单一的流程,而是一个系统的方法,用于选择、整合和聚焦维修人员和操作人员的流程改进,以便在全寿命周期中经济、高效地有序运行,特别是在使用与保障方面(operation and support,O&S)。增强型(扩展的)基于状态的维修理念包括各种相互关联或独立的技能和方法,如程序、技术等,这提高了维修任务的灵活性,优化了维修流程,减少了对维修人力和资源、设施和设备的需求。增强型(扩展的)基于状态的维修作为基于状态的维修的一种实践,旨在检测和预测故障,对即将发生故障的早期迹象提高辨识能力。

2. 基于状态的维修理念的实施

基于状态的维修适用于满足以下要求的故障模式:明确定义潜在故障;故障间隔是可识别的;维修任务间隔小于故障间隔,并且在物理上是可能的;发现潜在故障和功能故障发生之间的时间足够长,以便能够采取维修措施来避免、消除或最小化该故障产生的后果。基于状态的维修的核心是利用测试设备或统计数据来预测设备的状态,使设备接近零故障。这将把传统的维修活动从实时监控(real-time monitoring,RTF)转变为预测性维修和故障预防。基于状态的维修理念的实现同样具有明确的步骤,如下所示。

(1)步骤一:选择需要监控的装备产品

与预防性维修一样,基于状态的维修需要明确装备关键部件。其维修或更换成本高,且不会很快被取代。

(2)步骤二:识别所有已知和可能发生的故障模式

此步骤进行以可靠性为中心的维修分析,并关注可以使用基于状态的维修的故障模式。

(3)步骤三:选择正确的基于状态的维修解决方案和监控技术

此步骤需要在上一步确定的故障模式下选择正确的解决方案。

(4)步骤四:为所选基于状态的维修解决方案提出限制条件

此步骤定义可接受的条件限制,以便系统在受监控设备超出条件限制时发出警告。这些限制必须预留足够的维修时间。

(5)步骤五:制定基于状态的维修大纲

此步骤为维修团队制定维修大纲,确定主要任务和主要职责,搜集和记录相关维修过程中的数据结果。

(6)步骤六:分析数据并采取相应行动

此步骤分析来自传感器的检测数据以预测趋势,并相应地安排维修工作。

3.增强型(扩展的)基于状态的维修与以可靠性为中心的维修关系辨析

经典增强型(扩展的)基于状态的维修是系统工程分析方法,用于制定新设备和系统的现场级维修、中继级维修①与基地级维修②要求。而以可靠性为中心的维修是对现有已批准的现场级维修、中继级维修与基地级维修任务的跟踪、改进、审查。增强型(扩展的)基于状态的维修以以可靠性为中心的维修为基础,将以可靠性为中心的维修分析的维修工作项目与可用的费用效益技术连接,以便评估系统和设备性能。增强型(扩展的)基于状态的维修使用以可靠性为中心的维修分析来确定故障模式,从而确定传感器位置。增强型(扩展的)基于状态的维修和以可靠性为中心的维修的关系如图1-7所示。

1.2.3 美海军装备维修保障理念的发展趋势

2022年,美海军装备维修保障理念仍然以增强型(扩展的)基于状态的维修和以可靠性为中心的维修为核心,并不断拓展其相关理念,以满足不断发展的装备维修需求。

---

① 中继级维修(intermediate-level maintenance)是指由指定的直接支持基层使用部队的维修单位负责并执行的维修。通常由校准、维修或更换损坏的或不能使用的零件、部件或组件,紧急制造以替换不可用零件,以及给基层使用部队提供技术协助等方面工作组成。

② 基地级维修(depot-level maintenance)是指不论维修经费来源和实施维修场所,负责对装备、零件、组件或部件进行大修、升级或改造,以及必要的装备测试与回收的维修。

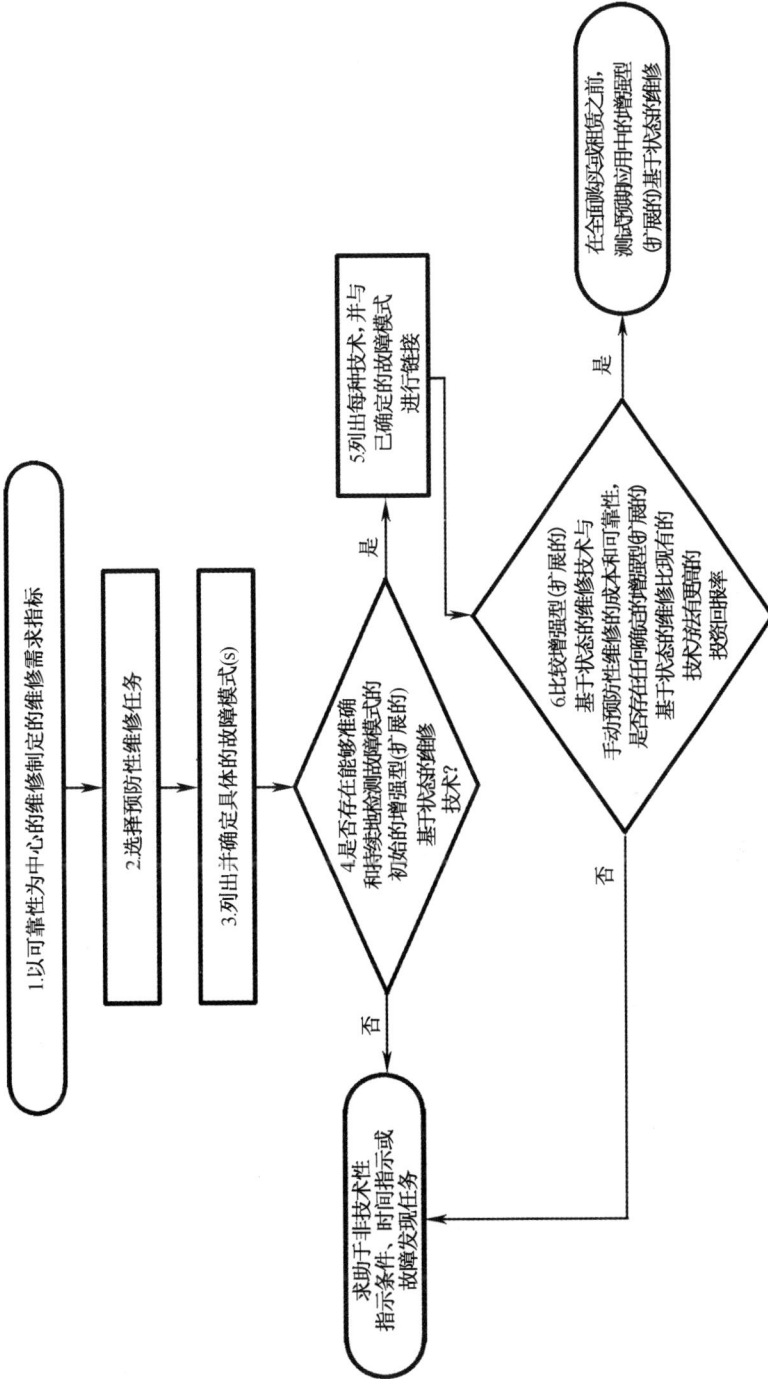

图 1-7　增强型（扩展的）基于状态的维修和以可靠性为中心的维修的关系

1.2.3.1　突出装备维修保障理念中的技术性因素

更多的传感器、海量装备数据以及新兴技术推动了装备维修保障理念的不断优化,促进了美海军装备维修保障理念的不断发展。美海军更多地强调装备维修保障理念在网络安全性和故障诊断方面的应用、对舰队状态的反馈、高扩展性与数据处理能力的提升、衍生算法的优化以及过程自动化程度的提升。

1.2.3.2　强调主动维修推动装备维修保障理念的变革

美海军强调通过加强装备的健康状况来提高装备的可用性。在高度强调装备全寿命周期管理的背景下,以数据驱动的维修决策可大幅提高效率并降低全寿命周期维修成本,同时有利于提前预备维修器材,在做好被动维修的基础上,更加强调主动维修。此外,美海军在装备设计阶段就注重强调减少寿命周期后期的维修概率,在装备研发过程中将后期维修作为重要考量因素。

1.2.3.3　丰富装备维修保障理念应用性场景

不论是以可靠性为中心的维修还是增强型(扩展的)基于状态的维修,从结果来看,其装备维修理念都是通过强制任务提升美海军维修的可执行性,这表明美海军已经对相关保障理念有了长时间的运用。在此基础上,随着相关装备维修保障理念的不断完善与装备维修保障需求的增加,美海军开始转向装备维修保障理念应用的研究,强调各种装备维修保障理念的可实施性与集成策略,面向不同维修层次的要求,充分利用合同商深入探索装备维修保障理念的应用。诸如基于增强型(扩展的)基于状态的维修理念研发了机械战备管理系统、通用电气智能信号系统、综合海军舰船状况评估工具集以及增强型(扩展的)基于状态的维修感知与响应机组接口技术工具等先进应用系统。

1.3　美海军装备维修保障的政策法规

装备维修保障领域的政策法规是美海军实施装备维修管理的顶层指导。以政策法规形式确立的装备维修保障活动,不仅是基于过往装备维修保障的总结,更是指导美海军装备维修保障理念不断发展的重要保障。不论是政策还是法规,都有一个持续迭代的过程,以不断调整、优化美海军装备维修工作。

美海军装备维修保障法规隶属于装备保障法规体系。装备保障法规体系主要是指由各层次、各方面调整美国装备保障活动的法律规范构成的一个有机整体。美军2019版的JP4-0《联合后勤》文件规定,后勤主要包括供应、维修、运输、补给、野战勤务、分发、合同商保障、工程建设等职能内容。装备维修保障法规体系,是指由美国权力机关或其授权的国家行政机关和军事领导机关按照法定程序制定或认可的,用以调整涉及军事装备保障活动中各种社会关系的规范。其装备维修保障法规体系,不但包含法律、法规、条令、条例等规范性文件,也包括具体的技术指导性文件,它们统称为"出版物"(publications)。下面以美海军装备维修保障法规为重点,就其体系构成、规范内容进行研究。

1.3.1　法规体系构成

美海军装备维修保障法规体系可分为三个层次:国家法律层、联邦政府法规层和美国国防部及其以下法规层。

第一层国家法律层,为美国国会通过的有关法律,是美海军执行装备维修保障的主要法律依据和基本指导方针。

第二层联邦政府法规层,是美国总统、联邦政府和国防部颁布的法规,这些文件是对美国国会制定的法律的补充和细化,是具体工作的行动指南,其中联邦政府条令适用于联邦政府部门,国防部条令适用于国防部各部门。

第三层美国国防部及其以下法规层,是美国政府各部、局以及各军兵种制定的规章,包括美国国防部各个部门制定的部门指令、手册,以及美海军颁布的指令和规范性文件等。

美海军装备维修保障法规体系如图 1-8 所示。

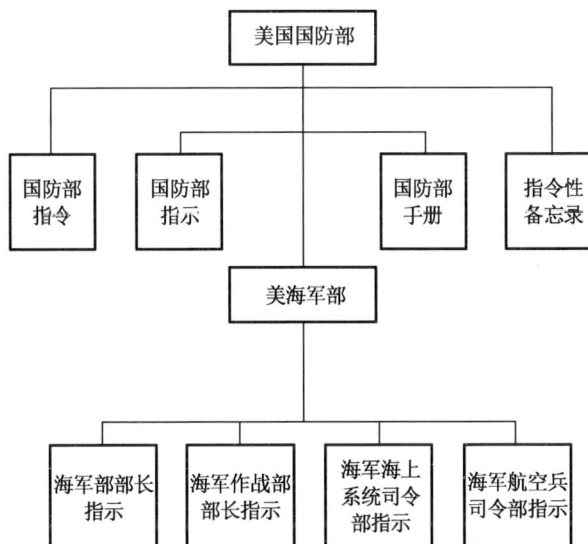

图 1-8　美海军装备维修保障法规体系

美海军的相关规范主要分为海军部部长指示(Secretary of The Navy Instruction,SECNAVINST)、海军作战部部长指示、海军海上系统司令部指示(Naval

Sea Systems Command Instruction，NAVSEAINST）以及海军航空兵司令部指示（Naval Air Instruction，NAVAIRINST）。海军部部长指示是由美海军部颁布的适用于美海军的总体法规。美海军装备维修保障法规主要集中在海军海上系统司令部指示，由美海军海上系统司令部颁布，主要涉及海上系统(除飞机外)的保障工作，以对美海军各类装备维修从职责、政策、技术等内容方面做出规范。

1.3.2 法规规范内容

美军装备维修法规隶属于装备保障法规中维修保障子类，在美国国会—美国政府(国防部)—美国军种三级管理体系下都有较为明确的法规，值得注意的是，在美国国防部层面，装备维修保障法规在各军种中有所差异，下面就美海军装备维修法规内容进行研究。

1.3.2.1 在国会层面通过的有关法规

国会层面主要集中于装备基地级维修。2022 年《美国法典》第 10 卷第 2460 条"基地级维修定义"中给出了基地级维修的基本概念；第 2464 条"基地级核心维修能力"明确了基地级核心维修能力；第 2466 条"执行装备基地级维修的限制"中指明了对装备基地级维修的百分比限制；第 2469 条"以合同形式执行以前由国防部基地级维修机构执行的工作量：竞争性需求"给出了基地级维修合同的保障内容；第 2474 条"工业和技术示范中心：公私合作"指出了美军当前基地级维修的一种重要形式是公私合作。对此，美国国会还出台了 50-50 定律，明确了基地级维修军方承担的任务量必须超过总任务量的一半，即第 2466 条。

1.3.2.2 在美国总统、联邦政府和国防部层面通过的法规

美国联邦政府颁布的《联邦采办条例》《联邦采办条例国防部补充条例》给出了基地级维修的采办要求；美国国防部颁布的 4151.18 号指示《军用装备维修》(2018 版)重点对军用装备维修政策进行了规定；美国国防部 4151.20 号指示《基地级维修核心能力确定方法》(2018 版)给出了计算基地级维修核心能力的步骤和方法；美国国防部 4151.22 号指示《军用装备维修中的 CBM+》(2020 版)中关于装备维修使用的增强型(扩展的)基于状态的维修的指示，规定了执行增强型(扩展的)基于状态的维修的程序；美国国防部 4151.18H 号手册《基地级核心维修能力和利用衡量手册》(2018 版)给出了对于基地级维修能力及其利用率的测算方法，该方法是美国国防部年度进行基地级维修能力评估的基本方法；美国国防部 4151.22 号手册《以可靠性为中心的维修手册》(2020 版)规定了以可靠性为中心的维修指南，重点对维修关键要素、项目管理要素以及维修等内容进行了规定。美国国防部颁发的部分装备保障法规见表 1-8。

表 1-8　美国国防部颁发的部分装备保障法规

序号	编号	法规名称	最新版本时间
1	DODD 4151.18	《军用装备维修》	2018
2	DODI 4151.19	《装备维修中连续的产品管理》	2018
3	DODI 4151.20	《基地级维修核心能力确定方法》	2018
4	DODI 4151.22	《军用装备维修中的 CBM+》	2020
5	DOD 4151.18H	《基地级核心维修能力和利用衡量手册》	2018
6	DODM 4151.22	《以可靠性为中心的维修手册》	2020

1.3.2.3　在海军层面制定的规章

1. 装备保障作业法规

（1）海军作战部部长指示 4440.19F《为满足紧急作战需求而在合同商工厂进行同型设备拆配修理和进行器材转移的政策与优先规则》于 2021 年 5 月 5 日进行了最新修订,该指示是对美海军为满足紧急作战需求而在合同商工厂进行同型设备拆配修理和进行器材转移而制定的政策,其对满足紧急作战需求在合同商工厂进行同型设备拆配修理和进行器材转移的目的、适用范围、定义、政策、程序、报告控制等进行了规定。

（2）海军作战部部长指示 4790.2J《海军航空维修纲要》于 2014 年 11 月 22 日进行了最新修订,用于取代海军作战部部长指示 4790.2H。该指示对维修作业的计划、组织、目标、要求、政策、协调和行动,以及适用范围等进行了规定。

（3）海军作战部部长指示 4700.7L《美海军舰船维修政策》于 2019 年 5 月 8 日进行了最新修订,用于取代海军作战部部长指示 4700.7K 和 4900.79B,是美海军舰船维修相关领域的政策。其对领导职责、维修政策、记录管理和报告控制等进行了规定。

（4）海军作战部部长指示 4790.13B《海军电子设备维修》于 2014 年 9 月 23 日进行了最新修订,用于取代海军作战部部长指示 4790.13A,是美海军电子设备维修领域的政策。该指示规定了美海军飞机、潜艇和水面舰船通用与综合电子设备维修的定义、政策、记录管理以及领导职责等内容。

（5）海军作战部部长指示 4790.16B《基于状态的维修和增强型（扩展的）基于状态的维修政策》于 2015 年 10 月 1 日进行了最新修订,用于取代海军作战部部长指示 4790.16A,是美海军确定海军舰船、远征设备、飞机及其相关系统、设备与基础设施基于状态的维修和增强型（扩展的）基于状态的维修政策、职责的规定。该指示规定了基于状态的维修和增强型（扩展的）基于状态的维修政策的定义、适用范围、背景、规定以及领导的职责等内容。

2. 装备保障训练法规

(1)《航空维修与补给训练和战备计划》于 2018 年 4 月 11 日进行了最新修订,用于取代美海军陆战队公开出版物 4790.1A,是美海军陆战队对航空职业领域技术训练的政策、程序和职责的规定。该法规对航空维修与补给训练和战备计划的目的、定义、概念、术语,以及维修人员能力、资格/认证标准、强制性要求等进行了规定。

(2)海军区域维修中心司令指示(CNRMCINST)4700.10A《海军海上维修训练战略项目》于 2016 年 9 月 16 日进行了最新修订,是海军区域维修中心所管理的海军海上维修训练战略项目的总体政策规定。该指示对海军海上维修训练战略项目的适用范围、规定、责任与程序等进行了规定。

3. 装备保障器材法规

海军作战部部长指示 4400.9D《基地级可修件管理》于 2017 年 9 月 18 日进行了最新修订,用于取代海军作战部部长指示 4400.9C,是美海军对基地级可修件管理的政策和职责的规定。该指示对领导职责以及与基地级可修件管理、使用、处理、维修或控制相关的活动政策、行动、记录管理等进行了规定。

美海军层级装备维修保障法规体系如图 1-9 所示。

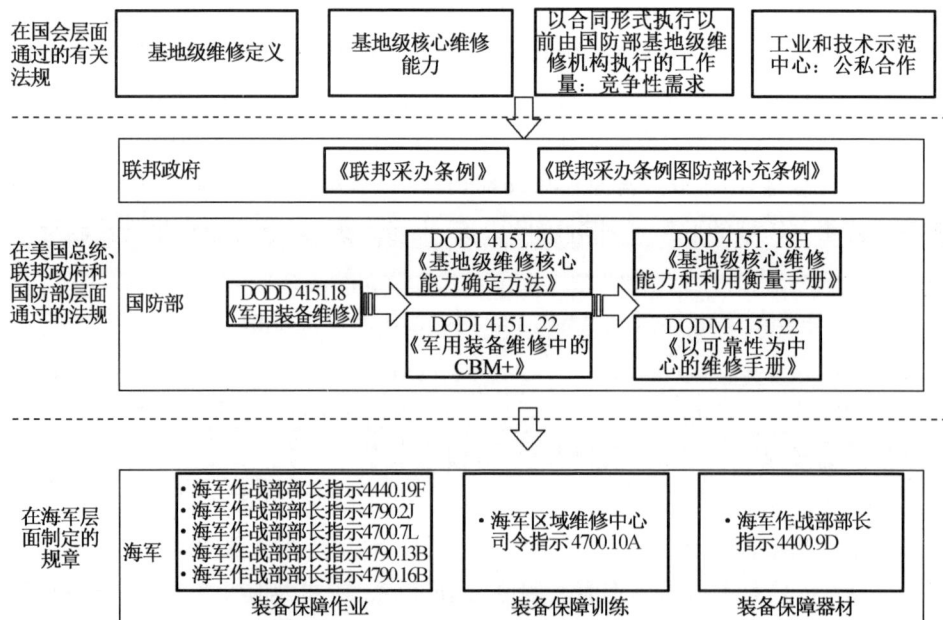

图 1-9 美海军层级装备维修保障法规体系

1.4　美海军装备维修保障的最新举措

2022 年 9 月 20 日，美国舰队司令部的舰队维修官表示："尽管采取了两项重要举措以提高船厂效率，但今年只有 36% 的可用舰船将按时完工。"这种情况正是美海军装备维修最新形势的一个缩影。更多的舰船维修时间延长，主要是由于劳动力和材料问题。2021 年，美国政府问责局（Government Accountability Office，GAO）发布的一份报告显示，美海军无法完全修复其在未来高端战争中受损的战斗舰队的装备，可见美海军维修能力相对于维修需求仍存在一定差距，在装备规模与维修技术水平不断发展的今天也展现出了新的问题。

1.4.1　从装备维修保障规模方面分析

近年来，美海军装备数量规模不断增长，这种装备数量规模的增长会引发装备维修保障需求的增加。美海军部 2022 财年的总预算约为 2 200 亿美元，随着舰队规模的扩大，除了造船成本外，使用、保障和武器采购等各种成本也会增加。美国国会预算办公室（Congressional Budget Office，CBO）估计到 2052 财年，全面采购、使用和维修在 2023 财年计划中设想的大型舰船将使美海军的年度预算总额增加约 30%，从而达到约 2 900 亿美元。根据美海军收集舰船停靠期间维修期的有限数据，美国政府问责局发现，2015—2020 财年，在 414 次潜艇中间维修期[①]中，美海军延迟完成了 191 次（46%），维修延期总计 2 525 天。美海军没有收集潜艇、水面舰船和航空母舰的维修数据，包括计划和实际维修期费用，但就潜艇维修延迟率接近 50% 来看，美海军面对如此多的装备维修保障的需求，维修压力巨大。2015—2020 财年，美海军平均每财年花费 21 亿美元对潜艇、水面舰船和航空母舰进行高优先级维修。这种维修规模变化带来的需求增长也产生了一系列影响。

一是需要改善维修基础设施，并改进维修流程。近年来，美海军用于水面舰船维修的干船坞经常短缺，急需新建或扩建新船坞，改善美海军和私营船厂现有基础设施，并持续优化维修作业流程，以提高美海军和私营船厂的维修效率，并更快地响应不断增长的舰队规模，从而提升美海军和私营船厂的维修能力。针对美海军航空装备的基础设施，需要关注维修基地的翻新与设备更新，甚至可以通过引入航空装备商业维修方法更新维修作业流程，以提升美海军航空装备的维修效率。

---

① 位于世界各地母港的美海军舰船船员和岸基维修供应商通常会执行这种维修，美国政府问责局称为中间维修期，以使舰船准备好执行下一个任务。

二是需要提升美海军维修服务可用时间。面对装备维修保障规模的增长,舰船的进港维修、维修工人承担本职之外的工作以及不断拖延的任务,导致积压的维修任务不断增加,这对等待下一次进入船厂的舰船产生了多米诺骨牌效应。长期以来,美海军官员一直表示,他们的目标是更好地规划舰船维修计划,更加准确地分配维修任务,维修工作量可以与劳动力能力相匹配。尽管目前美海军在改善舰船延期维修方面取得了一定的进展,但在其运营的 4 个海军船厂中仍然存在长期超额预订,有时在对核潜艇和航空母舰进行维修时劳动力严重不足,且伴随着基地级维修能力的短缺,未来对美海军装备维修将是更大的挑战。

三是需要注重优化合同商保障维修任务。合同商是美海军装备维修的重要组成力量,不论是从事舰船维修的私营船厂,还是从事航空装备维修的航空飞行器研发公司,在装备维修规模不断增大的趋势下,其重要性愈发凸显。特别在私营船厂,美海军与修船工业合作,正在制订私营船厂优化(private shipyard optimization,PSO)计划,以优化每个地区船厂的设施和主要设备的布置,其中包括恢复装备性能所需的基础设施投资计划。美海军与私营船厂密切合作,还实施了一项私营部门改进(private sector improvement,PSI)计划,以解决工作量稳定性、公司治理、合同签订和作业流程优化等问题。PSO 和 PSI 计划的目标是确定与消除私营船厂舰船可用性吞吐量的问题,以按时完成水面舰船维修,并及时交付。

1.4.2　从装备维修保障设备方面分析

随着美海军舰队的不断壮大,以及维修任务积压得越来越多,美海军已认识到维修需求与船厂容量之间长期不匹配,并发布了有史以来第一个长期舰船维修和现代化改造计划。美国防务战略为美海军提出了总体指导和高层次要求,其中针对装备维修保障设备,重申了美海军装备维修和现代化改造依赖于强大且高效的供应链。随着舰队规模、舰船复杂性和舰龄的增长,供应链(包括供应商基础)必须提供必要的物质支持,以达到所需的战备水平。这些挑战对美海军装备维修保障设备提出了更高要求。

一是优化装备维修保障设备资源配置。美海军十分强调对装备维修保障设备资源配置的优化调整,这可以从美海军装备维修保障周期的不断调整中看出,开始维修周期是 24 个月,后来延长至 27 个月,再后来又延长至 32 个月;还可从美海军非常重视保障基地的功能完备性、配套设施的齐全性、装备制造技术的先进性方面看出。为了满足这些要求,美海军突出强调后勤支援、基地防御、维修、驻泊和生活这五大功能的协调建设。美海军的这些做法,对合理配备国防战略资源、提高海军军费效费比、提升部队和装备作战效能、稳定部队等都起到了重要作用。

二是加强装备维修保障设施建设。美海军装备维修保障不但十分重视岸上维修设施的建设,还非常重视海上维修设施的建设。比如,诺福克船厂就拥有 8 座干船坞和 1 座浮船坞,所配备的检测设备、机加工设备等都达到世界较高水平,具备对核潜艇、航空母舰、驱逐舰及两栖舰等的维修能力。与此同时,美海军大力加强海上机动抢修力量的建设,建造了大型供应舰(修理船)、浮船坞和较强的水下维修力量。在装备维修保障管理上,美海军军港和码头已经全部实现了数字化管理,码头装卸各种物资都实现了条码化、冷链化,使验收、补给和统计工作效率提高了几十倍。实践证明,加强装备维修保障设施建设,提升其先进性,是提高装备维修保障效益的重要途径。此外,美海军近年来还十分重视现有船厂的升级。2018 年,美海军启动了一项耗资 210 亿美元的现代化改造计划,以升级其建于 100 多年前的海军船厂,数字孪生、增材制造以及多种先进技术被引入该船厂改造计划中。值得注意的是,美海军还积极增加与盟友船厂的合作。2022 年 8 月,美国军舰首次在印度船厂开展维修作业。

三是从源头上降低装备维修保障需求。美海军装备研制和采办面临的风险与挑战在很大程度上会造成后期装备维修的难题。新兴技术应用以及对相关武器装备研发与维修力量的投入,在某种程度上会缓解装备维修问题。但这是一种被动式的反应,要实现主动式维修,在装备研发与采办阶段做好设计,充分利用技术与设备优势,提高应对后期维修的冗余度,才能从容应对后期装备维修的难题。

1.4.3　从装备维修保障技术方面分析

2022 年 9 月 14 日美海军结束了一次维修技术演习,超过 60 家科技公司、政府和学术实验室参加了此次演习,展示和评估了多种舰船维修技术,重点测试了可视化、指挥与控制、前沿制造和远征维修四个领域的技术。美海军在装备维修保障技术方面一直处于领先地位。随着人工智能、大数据以及数字孪生等一系列新兴技术在海军装备维修领域的加速应用,美海军装备维修保障技术发展开始呈现新态势。

一是强调技术对装备预防维修的支持。对于美海军来说,保持舰船平台及其所有系统的正常运行十分重要,为应对这一挑战,美海军通过新技术手段在舰船航行期间提前发出装备维修预警。这种利用数据分析的方法来预测装备维修十分先进,其以传感器技术为基础,融合多种新兴技术,通过改变过去单一的、静态的、基于时间的维修方式,使得何时进行维修、在哪里进行维修以及需要在维修中做什么变得更加准确。

二是突出更智能的装备维修方法。美海军一直强调"过时的维修方法必须发展成通过人工智能技术实现增强型(扩展的)基于状态的维修方法"。就目前美海军装备维修方法多依赖基于时间的维修来说,人工智能与物联网传感器等技术融合才能够最大限度地激发基于状态的维修理念的效用。装备维修技术的提升,使得装备状态得到及时反馈,维修信息得到高效利用。特别是美海军开始在私营船厂使用人工智能技术实现增强型(扩展的)基于状态的维修方法,这使得私营船厂维修海军舰船的过程更加智能化。

三是兼顾经济效益与时间效益。随着海军舰船维修技术的发展,维修人员力量大大减少。美海军装备维修数量多、任务重,维修资金相对不充裕时则显得更加捉襟见肘。美前海军作战部部长迈克尔·吉尔戴上将表示,美海军约有60%的舰船没有按时结束维修期,其中25%~30%的延误归因于"糟糕的计划和预测"。无论是使用大量传感器数据融合技术与智能故障预测技术,还是使用增材制造与增强现实等技术,这些技术都优于传统的维修技术,使用这些技术的目的是通过提升装备维修的时间效益,以实现装备维修的经济效益。

1.4.4　从装备维修保障运行方面分析

美海军装备维修设备与技术是确保装备高效、快捷维修的前提条件,而要运用先进的装备维修保障设备与技术就必须保证装备维修保障体系的科学运转。美国在经历几次战争后,装备维修存在着日益降低的战备完好性与不断增长的经费预算压力之间的固有矛盾。此外,美海军老化的装备和装备维修保障设施,以及逐渐减少的维修人员等对装备维修保障运行造成了不同程度的影响。在这种影响下,加上装备维修保障设备与技术的更新,装备维修保障呈现了新的态势。

一是需要优化美海军装备维修保障力量。美海军舰船装备维修与航空装备维修都需要优化维修保障力量。目前,美海军和海军陆战队在本土与海外的战备完好性中心有近200个维修场所,其维修职能划分较为分散且互有重复,美海军正对各中心的维修能力和产量进行优化,以形成核心能力,在此基础上针对具体装备维修设置东、西部两个维修中心,以分管不同区域的维修任务。此外,建制维修力量与合同商保障力量配置也是优化调整的重要内容。目前,强调建制维修力量是主导,但合同商维修保障愈加不可或缺,对其职责能力的优化配置意义更加凸显。

二是部署先进的装备维修管理系统。美海军针对装备维修时间长、要求高等特点,充分认识到将以往反应式维修转变为主动维修。为确保装备维修保障计划能够科学有序地开展,要求装备维修管理系统从基于纸张的维修系统转变为数据驱动的软件解决方案。部署先进的装备维修管理系统不仅要防止设备和系统故障,还应具备对装备维修制订计划、执行和跟踪的功能,将系统作为装备全寿命周期管理中的重要一环,融合先进的装备维修保障理念与技术,评估和改进装备维修计划,在装备维修系统层面上确保维修作业任务可以正常运行。

　　三是培养装备维修专业人才。就目前来看,美海军装备维修特别是舰船装备维修劳动力和专业人才不足。按照美海军装备发展规划,未来将需要更多熟练的维修劳动力与专业人才。过往美海军虽然对维修人员进行了培养储备,但部分维修岗位仍然存在人员短缺问题,加上劳动力和资本市场的波动,给装备维修劳动力带来了极大的不确定性。2023 财年的美海军将人才管理以及培训和教育列为优先事项,并且计划通过缩短装备维修时间以及增加预算来提升维修人员的熟练度和操作安全性,通过提供财政激励措施来吸引和留住人才,确保美海军装备维修劳动力储备充足。

第 2 章　美海军装备维修保障管理

美海军是世界上较强的海上武装力量,拥有较先进的舰船和航空武器装备,执行全球战略任务。为满足这样一支海上武装力量的装备维修保障需求,美海军建立了一个具有自身特色的维修管理体制。美海军装备维修保障管理是支撑美海军装备维修保障理念和模式的关键,更是确保美海军能够不断提升装备维修保障能力的重要环节。本章系统介绍了美海军装备维修保障管理体制的构成,分别从装备维修保障管理架构、舰船装备维修保障管理机构、航空装备维修保障管理机构以及装备维修保障管理运行机制进行分析,以期清晰阐明美海军装备维修保障管理。

2.1　美海军装备维修保障管理架构

美海军是世界上规模较庞大、装备较先进、总体实力较强的海上军事力量,目前拥有总兵力 80 万人,现役军舰近 300 艘,现役战机 4 000 余架,可在全球范围内执行任务。其强大的海上军事力量离不开同样强大的装备维修保障体系,离不开装备维修保障管理。美海军现执行的是从美国国防部到海军部再到基层部队的三层管理架构。

美海军部是美军最大的一个军种部,主要下辖海军和海军陆战队两个军种。在组织机构方面,美海军部主要由海军部部长办公室、海军作战部、海军陆战队司令部组成。美海军部是美海军的最高行政领导机构,主要负责制定美海军的政策、战略、预算、兵力规划等。海军作战部是美海军的最高指挥机构,主要负责对作战舰队和各类特种部队的指挥、调动或派遣。在装备维修保障方面,海军部部长办公室负责维修保障相关政策、计划和经费的制定;海军作战部负责美海军的武器装备维修保障的统一管理和实施;海军陆战队司令部负责海军陆战队装备的研制设计、定型和标准、组织生产和监督、采购与分配、使用和维修保障等。美海军装备维修保障管理架构如图 2-1 所示。

2.1.1　海军部部长办公室

海军部部长办公室是协助海军部部长处理日常事务的办公机构,负责制定和执行相关的国家安全政策与方案(包括装备维修保障相关政策、目标和方案),主要包括海军部副部长、海军部助理部长、海军部总法律顾问、海军部军法局长、海军部监察长、立法事务处长以及其他由海军部部长指派的官员。

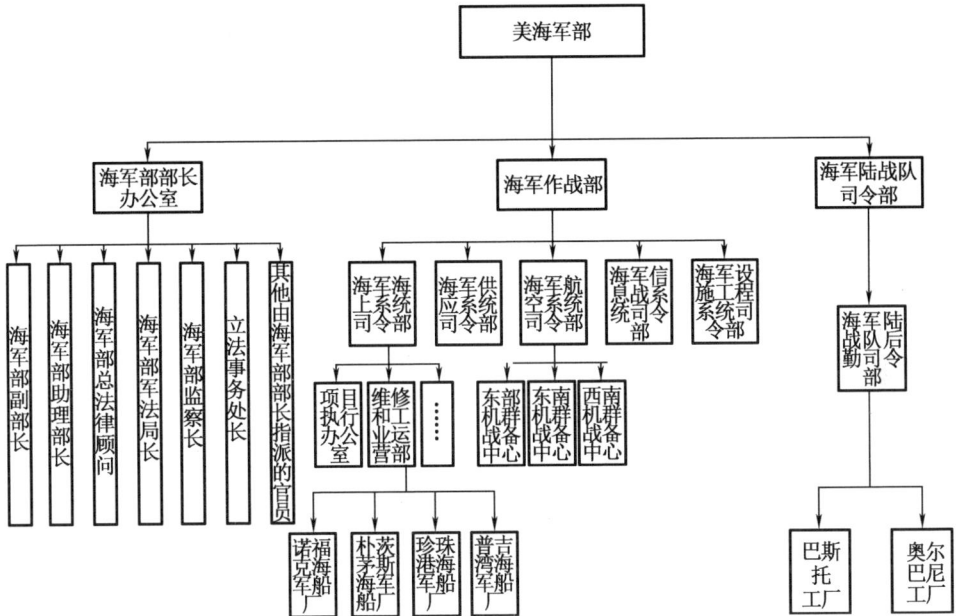

图 2-1　美海军装备维修保障管理架构

2.1.2　海军作战部

海军作战部是美海军装备维修保障管理的统一领导机构,主管舰队战备,由后勤的副部长(N4)负责分管海军海上系统司令部、海军供应系统司令部、海军航空系统司令部、海军信息战系统司令部、海军设施工程系统司令部五个系统司令部与美海军和海军陆战队武器装备维修保障相关工作。

2.1.2.1　海军海上系统司令部

海军海上系统司令部由海军海上系统司令部本部、海军水面作战中心、海军水下作战中心、海军船厂、项目执行办公室、维修和工业运营部、舰船修造监管处等组成,约有 52 000 名军人和工作人员,总部设在华盛顿。其主要负责美海军舰船、舰载武器系统的维护、修理、现代化改造和报废,包括排水型舰船、气垫船、水翼艇的大修和改装。其装备维修保障工作涵盖了战斗系统、海军战术数据系统、动力、导航、电子装置、防护、救援等各个方面,为美海军舰船装备维修保障提供人才、经费、设施等。其还负责装备维修保障制度的建立、装备维修保障标准的修订、装备维修保障人员的培训和技术等级考核等工作。其中，对美海军装备维修保障工作发挥重要作用的部门及其职责如下。

（1）海军海上系统司令部本部，负责为装备维修保障合同签订、后勤/维修保养/现代化改造、工程设计、水下作战、协同作战、信息技术等活动提供政策、指导、监督和支援服务。

（2）项目执行办公室，由舰船项目办、潜艇项目办、航空母舰项目办、近海战斗舰和扫雷舰项目办及综合作战系统项目办组成，负责海军武器系统的研发和采购工作。项目执行办公室在舰船的研发、购置方面向海军作战部副部长办公室负责，在计划和投入使用等方面向海军海上系统司令部负责。

（3）维修和工业运营部，主要任务是承担美海军舰船基地级的维修和现代化改造，管辖4个海军船厂，包括诺福克海军船厂、朴次茅斯海军船厂、珍珠港海军船厂和普吉特海湾海军船厂。这4个海军船厂的装备维修工作各有分工，其中诺福克海军船厂主要负责水面战舰的装备维修保障；朴次茅斯海军船厂主要负责潜艇的装备维修保障；珍珠港海军船厂主要负责为军舰和作战系统提供装备维修保养、现代化改造、紧急维修等服务；普吉特海湾海军船厂除了检修美海军舰船外，还负责退役舰船的处理作业。

（4）海军水面作战中心与海军水下作战中心，负责制订维修计划、备件定额明细表、作业操作程序以及技术手册，开展研究和试验，储存技术文件，为舰队提供装备维修保障技术人员。作战中心的专家和工程师们在研究开发、测试评估、工程技术和舰队支援方面提供专业意见，并提供美国国防部不能提供的专业服务，如模拟"海上系统"实验室、废弃装备安全性监测以及快速销毁爆炸品等。

2.1.2.2　海军供应系统司令部

海军供应系统司令部是美海军最主要的后勤机构，与设备工程司令部、军事海运司令部构成了美海军后勤的三大支柱。该司令部的任务与职能相当广泛，涵盖了除战略海运外的其他各种后勤业务。其业务主要可分为三大类：武器系统保障、全球后勤保障、士兵及其家庭保障。简言之，其就是向美海军和联合作战部队提供补给与服务，并保障美海军士兵的生活质量（如饮食、通信、服务社、家居用品的搬运等）。目前该司令部在世界范围内拥有22 500余名军人和文职人员。其旗下设有四大业务机构，即武器系统保障站、业务系统中心、全球后勤保障中心（本土和国外各设有4个舰队后勤中心）以及军人服务社司令部，并在世界范围内拥有124个站点。由于该司令部具有人员多、下属机构多、业务范围广、与工业和商业部门联系紧密等特点，故美海军常将其比喻成一个全球性的大企业，其官方网站也以"NAVSUP Enterprise"自称。

2.1.2.3　海军航空系统司令部

海军航空系统司令部由航空部、武器系统部、后勤与工业运营部、科研与工程部、试验与评价部等组成,总部设在马里兰州帕图森特河海军航空站,工作地点涉及美国八个州及一个海外地点,主要负责为美海军及海军陆战队的飞机、武器系统(含空中发射武器、航电设备、空中发射水下声测系统、机载烟火信号弹、机载扫雷设备、无人驾驶靶机系统、遥控飞行器、飞机/导弹测距和鉴定仪器、摄像和气象设备等装备)等提供全寿命周期保障,并满足战斗机能力集成和快速反应需求,具体包括研究、设计、开发和系统工程、采办、测试和评估、培训设施和设备、维修和改造、在线工程服务和后勤支持。海军航空系统司令部还负责机群战备中心的运作。机群战备中心负责向美海军和海军陆战队提供航空装备维修保障,其中东部机群战备中心、东南机群战备中心和西南机群战备中心是美海军指定的海基航空器,以及海事飞机、相关航空系统与设备的维修保障基地和技术中心,执行基地级维修保障任务,具体职责分工如下。

(1)东部机群战备中心,负责维修美海军和海军陆战队的飞机、喷气和涡轮发动机、辅助动力装置、螺旋桨推进系统及相关部件。其主要维修的装备类型/型号/系列包括 AH-1、CH-53E、MH-53E、UH-1Y、AV-8B、EA-6B、F/A-18A、F/A-18C、F/A-18D、MV-22 和各种发动机及部件。

(2)东南机群战备中心,负责对美海军及海军陆战队飞机平台、发动机、武器系统、部件进行深度维修、改装。其主要维修的装备类型/型号/系列包括 MH-60R、MH-60S、C-2A、E-2C、E-2D、EA-6B、P-3、F/A-18A~F、T-6、T-34、T-44和各种发动机及部件。

(3)西南机群战备中心,负责维修美海军和海军陆战队的固定与倾转旋翼机机体、螺旋桨推进系统、航电设备、指挥控制类装备及相关部件。其主要维修的装备类型/型号/系列包括 AH-1、CH-53E、HH-60、MH-60、UH-1Y、C-2A、E-2C、E-2D、EA-18G、F/A-18A~F 和各种发动机及部件、配件。

2.1.2.4　海军信息战系统司令部

海军信息战系统司令部由审计部、合同部、项目管理部、后勤与舰队支持部等组成,总部设在圣地亚哥,是美海军负责指挥信息系统(C^4ISR)、商业信息技术和空间系统的技术授权与采购司令部。其在全球拥有超过 12 000 名现役军人和文职人员,负责美海军机载、舰载和空间电子设备的装备保障与支援,为美海军的空间系统,指挥、控制、通信和情报系统,电子战和水下监视系统提供技术与物资支援。海军信息战系统司令部负责提供装备维修保障服务的部门是后勤和舰队支持部。该部负责交付和维修海军信息战系统司令部的产品/服务,为项目管理部等提供支持。此外,该部还负责体系管理、专业发展和基于个人能力的工作分配,以确保在整个项目寿命周期内拥有健全的后勤和舰队支持。后勤和舰队支持部下设舰队/客户支持部、工程安装部、综合后勤保障部，以及战略、政策与信息技术部。其中，舰队/客户支持部负责在线工程代理、服务平台和客户关系管理、跟踪历史数据和维修系统故障等；综合后勤保障部提供包括培训、供应支持、产品数据和体系管理在内的综合后勤保障，以及独立后勤评估、舰队技术手册维护、指导海军培训系统计划。

2.1.2.5 海军设施工程系统司令部

海军设施工程系统司令部主要为美海军和海军陆战队提供装备全寿命周期内技术和采购解决方案，为美海军特种作战单位各个设备和物资管理项目提供项目管理。

2.1.3 海军陆战队司令部

海军陆战队分为海军陆战队司令部、作战部队、后勤保障机构和海军陆战队预备队。其中，后勤保障机构包括作战发展司令部、新兵补给站、海军陆战队后勤司令部等多个部门，负责海军陆战队装备维修保障工作。海军陆战队后勤司令部是海军陆战队基地级大修机构及美海军唯一的地面作战设备器材库，总部设在佐治亚州的奥尔巴尼。海军陆战队后勤司令部为海军陆战队和其他客户提供地面作战和战斗保障设备的维修，包括提供基地级维修、重建和维修、工程建设、制造和其他技术服务，以最大限度地提高地面武器系统和设备(包括攻击车辆、作战车辆、军械系统、小型武器、汽车等)的战备状态与装备完好率；还运营着由两个维修中心构成的基地：东海岸的奥尔巴尼工厂和西海岸的巴斯托工厂。

(1)奥尔巴尼工厂是海军陆战队指定的陆地车辆及其相关零部件的维修保障基地和技术中心，主要负责水陆两栖突击车、轻型装甲车辆、高机动性多用途轮式车辆、反地雷伏击车、中型战术车辆、通信/电子设备和小型武器的维修。

(2)巴斯托工厂是海军陆战队指定的陆地车辆及其相关组件维修与维护的基地和技术中心，主要为水陆两栖突击车、轻型装甲车辆、高机动性多用途轮式车辆、反地雷伏击车、中型战术车辆、榴弹炮、通信/电子设备和小型武器等提供基地级的维修支持。

2.2 美海军舰船装备维修保障管理机构

美海军舰船装备维修保障管理机构，在美海军层面主要由海军海上系统司令部负责；在舰队层面由各舰队的兵种司令部(水面部队司令部、航空兵部队司令部、潜艇部队司令部)负责；在编号舰队层面由各编号舰队所属作战司令部的后勤司令部负责;在舰船层面设有技术保障部门,负责舰船的装备维修保障工作。

2.2.1　舰船装备维修管理体系

美海军舰船装备维修管理工作在海军作战部的领导下,由海军海上系统司令部与海军供应系统司令部负责,并直接管理基地级维修和器材保障。舰船装备维修和器材保障以及基层级维修,则通过舰队实施管理。舰船装备维修管理体系如图 2-2 所示。

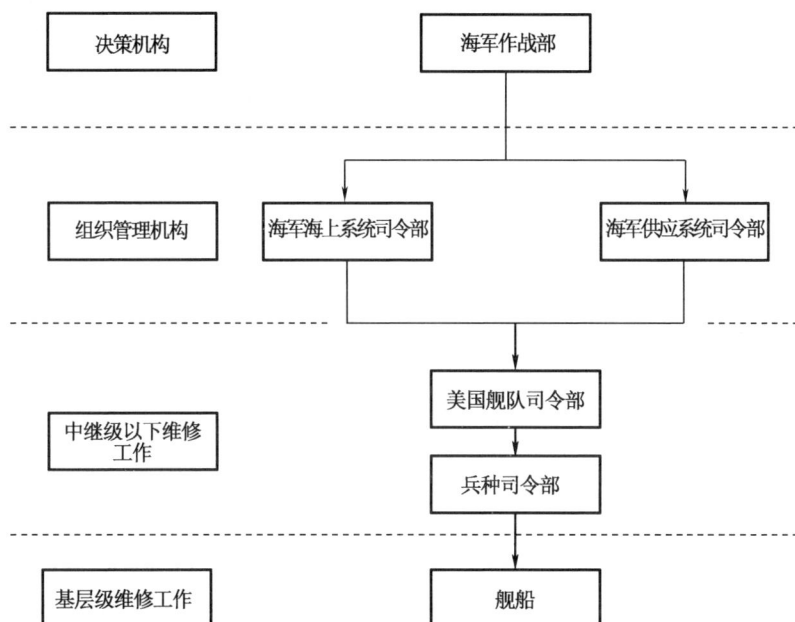

图 2-2　舰船装备维修管理体系

(1)海军作战部,是美海军舰船装备维修的决策机构,主要负责制定舰船装备维修和现代化改造的政策与目标,评估审查有关装备维修计划,并为装备维修机构提供资金,协调舰船装备维修的重大问题等。

(2)海军海上系统司令部,是美海军舰船装备建造和维修的主要组织管理机构,主要负责舰船装备全系统和全寿命管理。

(3)海军供应系统司令部,是美海军物资、器材供应保障的主要组织和管理机构,在装备研制过程中,参与编制器材保障方案、代码和储备清单,参与新装备的初始保障,并按照在修舰船和在航舰船装备维修的要求负责入役舰船的器材保障工作。

(4)美国舰队司令部,负责美海军舰船装备技术管理和制定具体维修政策,组织中继级以下维修和技术监测工作,掌握装备技术状态,确定需要大修的舰船,分配维修经费、人力资源和器材,管理和改进基层级维修及中继级维修计划。

(5)兵种司令部,负责舰船装备技术管理和在航舰船日常维修维护,管理监测站、港口工程师办公室和机动技术分队,对基层级维修、中继级维修工作提供技术指导和监督管理。

(6)舰船,由主管技术管理和维修工作的副舰长负责,大型舰船上设有技术管理和维修部门,主要包括基层级维修计划、器材管理系统协调员和维修工程师,并按照基层级维修计划和器材管理系统要求,组织舰员完成规定的维修和监测任务。

2.2.2 主要管理机构及领导

美海军舰船装备维修主要管理机构及领导包括海军作战部部长、美国舰队司令部、美海军各系统司令部、项目执行办公室、直接报告项目主管和舰船项目主管、审查和调查委员会、美海军教育和训练司令部(Naval Education and Training Command,NETC)以及其他相关部门。

2.2.2.1 海军作战部部长

海军作战部部长负责维持美海军舰船的整体战备状态,包括负责规划美海军舰船的采购、全寿命周期管理、舰船维修和现代化升级所需的各类资源管理等。其中与美海军舰船装备维修保障相关的海军作战部领导与部门如下。

1. 海军核动力项目主任(director of naval nuclear propulsion,CNO N00N)

海军核动力项目主任还担任美国能源部国家核安全局海军反应堆副署长,负责并指导美海军与能源部联合开展的核动力项目的所有设施和活动。

2. 负责美海军人事、训练和教育的作战部副部长(deputy chief of naval operations,manpower,training and education,CNO N1)

负责美海军人事、训练和教育的作战部副部长为美海军提供有素质、合格的军事人员,以执行基层级维修、中继级维修和基地级维修。

3. 负责美海军能力和资源整合的作战部副部长(deputy chief of naval operations, integration of capabilities and resources,CNO N8)

负责美海军能力和资源整合的作战部副部长负责评估美海军战备问题,包括舰船装备维修的评估和监督。其主要职责如下。

(1)负责舰船装备维修评估的组织策划。

(2)与承包商、舰队指挥官和海军系统司令部协调,制定美海军范围内的舰船装备维修政策和目标。

(3)通过美海军计划、规划、预算和执行系统流程的所有阶段,协调所有舰船装备维修需求和资源的战备与调度。

4. 美海军部舰队战备办公室(Office of the Chief of Naval Operations Director, Fleet Readiness, OPNAV N83)

美海军部舰队战备办公室是所有舰船装备维修和舰队战备问题的海军作战部工作人员联络点。其主要职责如下。

(1)根据需要与舰队指挥官、海军系统司令部、项目执行办公室、供应商、项目主管和海军作战部办公室赞助商协调舰船装备维修项目。

(2)审查、批准和监督所有美海军装备的维修计划。

(3)与舰队指挥官、海军系统司令部、赞助商合作协调和批准舰队基地级可用性计划。

(4)评估舰船装备维修需求,确定资金和其他计划缺陷,并提出舰船装备维修的解决方案。

(5)根据海军系统司令部、项目执行办公室、舰队指挥官和美海军各司令部的需求,每年发布经批准的维修时间间隔、持续时间、维修周期和预算。

(6)批准所有海军作战部计划的基地级维修地点和日期。

(7)建立舰船维修器材状况指标,针对维修这些指标所需资源制订计划和规划。

(8)批准外国舰船装备维修的请求。

2.2.2.2　美国舰队司令部

美国舰队司令部负责收集装备维修及现代化改造需求,并向美海军负责海军能力和资源集成的作战部副部长提交装备维修及现代化改造需求。美国舰队司令部在海军海上系统司令部的支持下,与舰队指挥官和供应商一起,主要负责确定、整合和优先排序舰队装备维修和现代化改造需求。其具体职责包括如下内容。

(1)根据美海军法规,舰队指挥官负责向其指定的舰船提供物质支持。舰队指挥官将根据需要,通过成本、进度及任务难度等来权衡、确定与授权所需的改进性装备维修和现代化操作。

(2)批准对海军作战部定期进行基地装备维修可用性的更改。

(3)在两个舰队指挥官之间实施标准维修政策和流程。

(4)参与各型舰船装备维修方案的制定和实施。

(5)促进舰队舰船行动的自给自足。

(6)向维修与物资管理检查系统提供资源输入和实际材料状况的反馈,以持续改进基地级规划、计划和预算。所发现的器材状况反馈需要足够详细,以支持技术要求的改进和验证,执行工程分析并安排后续维修。

（7）建立、管理批准和跟踪外国舰船装备维修的程序。

海军兵种司令部（U. S. Navy Type Commands, TYCOMs）向其舰队指挥官负责，对所指派的舰船战备情况负责。海军兵种司令部的主要职责如下。

（1）确保指派的舰船已做好任务准备，以满足作战指挥官的要求。

（2）管理紧急和定期装备维修，包括对指定舰船的改进性装备维修措施和改造进行识别与优先排序。

（3）就装备维修和现代化改造流程及产品的标准化向舰队指挥官、项目执行办公室、舰船项目主管和海军海上系统司令部提供建议。

（4）管理装备维修资源以及预期使用寿命。

2.2.2.3　美海军各系统司令部

1. 海军海上系统司令部

海军海上系统司令部是美海军舰船在役保障的负责单位，主要负责如下内容。

（1）组织工程管理和技术研发。

（2）监督在役舰船装备维修作业流程。与项目执行办公室一起作为主要技术负责机构，制订和管理每个舰种的装备维修计划，并确保美海军舰船拥有高质量的材料和安全状态。海军海上系统司令部确保在发生变化时更新装备维修作业程序。

（3）建立船体、机械、电气以及作战系统维修要求，并提供必要的技术支持。

（4）监督、管理装备维修和现代化改造作业流程、程序与产品的标准化，以支持美海军舰船装备维修能力的发展。

（5）建立标准政策和程序来管理所有美海军舰船的装备维修相关文档，与其他系统司令部和项目执行办公室在其权限范围内根据文档要求协调设备与物资。

（6）负责监督、整合所有参与执行海军作战部装备维修任务的供应商，以确保舰船装备维修和现代化改造在授权的工作范围内进行，并采用规定的技术、质量标准、规范和要求，以高效和具有费用效益的方式推进装备维修任务。

（7）及时向各自的舰队指挥官提供有关美海军和私营船厂可用劳动力的情况，以指导他们及时更改装备维修任务，避免给美海军增加成本。

（8）根据舰船、系统和设备操作、维修和校准的要求，及时发布美海军舰船装备维修图纸、维修技术手册、维修标准、维修测试要求、校准和过程控制等。

（9）在基于状态的维修和增强型（扩展的）基于状态的维修理念实施方面协助舰队指挥官与海军兵种司令部，并为其提供建议。

（10）在以可靠性为中心的维修的状态诊断系统基础上，开发更有效的维修决策工具。根据以可靠性为中心的维修结果设置传感器，开发或集成支持舰船自主维修所需的信息系统。

（11）管理并为美海军舰船装备维修和器材管理系统（maintenance and material management system，3M）及微型模块测试与维修计划提供技术监督。

（12）根据舰队指挥官的要求，为美海军舰船及相关系统提供直接支持，主要包括在舰队指挥官的作战指挥下对舰队人员的技术援助、建议、指导和培训；战备状态评估、审查、测试和检查，以评估美海军舰船设备和系统的有效性与材料状况。

（13）通过与舰队指挥官和其他系统司令部的密切联系，确定装备维修培训要求。与美海军教育和训练司令部合作，根据需要开发训练课程和材料。与海军区域维修中心（Navy Regional Maintenance Center，COMNAVRMC）合作，协助制定美海军海上装备维修培训策略。

（14）与舰队一起制订、管理特定装备维修计划，以跟踪舰队面临的关键装备维修和技术问题的解决。

（15）分析装备维修反馈以确定设计和流程改进，从而改进装备维修要求。

（16）确定并维持岸上工业装备活动的基准能力和产能。确保美海军船厂的能力符合国家要求，包括评估舰船装备维修工业基础的健康状况等。

（17）海军海上系统司令部必须向美海军部舰队战备办公室提交水面舰船工程运行周期延期任务年度报告。

2. 海军航空系统司令部、海军信息战系统司令部和海军陆战队司令部

海军航空系统司令部、海军信息战系统司令部和海军陆战队司令部除负责所属航空装备与信息战系统装备维修外，还与海军海上系统司令部协调履行关于美海军舰船和相关设备的维修与现代化改造相关职责，具体包括如下内容。

（1）将分配给这些系统司令部的系统和相关设备保持在高质量战备状态。

（2）为美海军船厂装备维修主管和以可靠性为中心的维修舰队指挥官提供执行舰船装备维修所需的技术支持。

（3）分析装备维修反馈以确定设计和流程改进，从而改进维修要求。

（4）根据舰队指挥官的要求提供直接舰队支援服务。

（5）为所有美海军舰船提供管理和装备维修配置文档。

（6）向海军海上系统司令部提供技术援助，以开发能够客观衡量美海军舰船真实状态的指标。

3. 海军供应系统司令部

海军供应系统司令部负责根据已批准的维修计划以及自身维修权限开展装备维修保障工作，重点是准备好装备维修所需的材料和器材，做好战备工作。海军供应系统司令部结合其他系统司令部提供的装备维修器材需求和技术要求，履行以下职责。

（1）根据需要发布供应管理政策和程序，支持器材采购和管理。

（2）整合所有供应需求，根据计划做好配额，以执行基于战备要求的备件政策。

（3）确保采购标准库存器材并可支持中继级维修和基地级维修可用性计划。

2.2.2.4 项目执行办公室、直接报告项目主管和舰船项目主管

项目执行办公室、直接报告项目主管和舰船项目主管负责其指定项目的全寿命周期内的所有管理工作。它们将通过海军海上系统司令部向海军作战部报告美现役舰船有关的所有事项。项目执行办公室、直接报告项目主管和舰船项目主管将制定指定舰船的装备维修等级和维修计划，确保为安装在船体内或船体上的所有系统、设备和组件提供适当的支持，直到退役。其具体职责如下。

（1）制订详细的各等级装备维修计划。

（2）确保在装备维修期间执行各等级装备维修计划要求。

（3）发布当前选定舰船的装备维修记录数据、舰船图纸和特种船舶类别的技术手册。

（4）通过装备维修和器材管理系统提交维修数据、损伤报告、维修活动差异报告以及其他报告，及时分析美现役舰船的运行数据和维修反馈，以改进维修流程和完善维修要求。

2.2.2.5 审查和调查委员会

审查和调查委员会（Inspection and Survey，INSURV）负责识别与报告美海军舰船器材要求，这些器材的不足会大大降低美海军舰船的服役适用性、决定执行主要和次要任务的能力。审查和调查委员会的主要职责如下。

（1）与海军系统司令部合作制定通用评估程序。

（2）执行装备维修过程审核以验证是否达到要求的指标。根据审查和调查结果，审查和调查委员会可以建议取消美海军舰船设备、系统的认证或暂停运营，或将装备维修过程报告评为无效（不合格），直至按照要求整改到位后，向有关系统司令部提交技术反馈报告。

2.2.2.6 美海军教育和训练司令部

美海军教育和训练司令部负责为军事人员提供有效的装备维修技能培训，并修改培训计划以提高装备维修质量。美海军教育和训练司令部的主要职责如下。

（1）按照工程培训计划向船上值班员、设备操作人员、装备维修人员、主管等培训质量维修概念和方法。

（2）与海上系统司令部和舰队指挥官协调，为微型模块测试提供培训设施、课程和教员。

（3）在所有管理和维修课程中强调质量维修原则。

（4）根据舰队指挥官和系统司令部的要求，开发新的以质量为导向的领导管理和维修课程。

（5）为确保美海军舰船装备维修工作顺利开展，检查船员关于装备维修保障的基础知识。

2.3　美海军航空装备维修保障管理机构

2.3.1　航空装备维修保障管理体系

美海军航空装备维修保障管理涉及的机构包括《海军航空维修大纲》工作委员会、海军作战部部长办公室、海军陆战队设施司令部、海军海上系统司令部、海军航空系统司令部、海军信息战系统司令部等。所有机构部门协同决定美海军和海军陆战队的装备、武器系统、器材、供应、设施、维修及保障服务的计划与采办。航空特殊装备的后勤保障，由海军航材与装备保障部门提供。

海军航空系统司令部的使命，是为美海军和海军陆战队使用的飞机及其武器和系统提供全寿命周期保障。这种保障包括研究、设计、研制、采集、测试与评估、培训设施与设备、维修与改装、体制内工程和后勤保障。海军航空系统司令部司令具有修改建议的最终处置权。《海军航空维修大纲》工作委员会是负责《海军航空维修大纲》制定、修订的机构，由海军航空系统司令部授权。航空装备维修保障管理体系如图 2-3 所示。

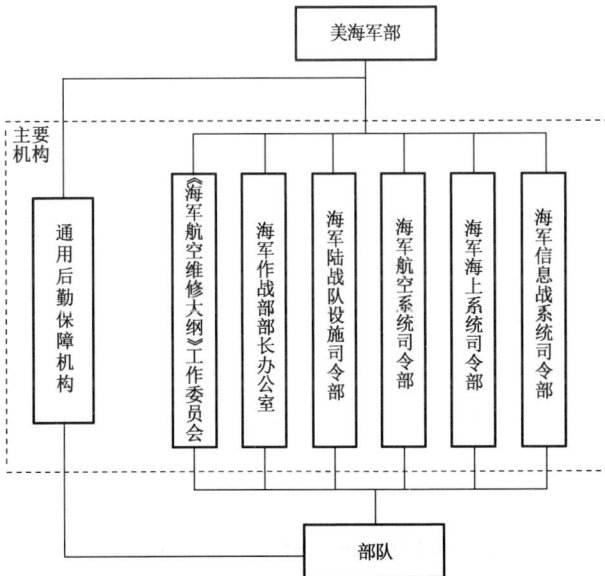

图 2-3　航空装备维修保障管理体系

2.3.2 主要管理机构及领导

美海军航空装备维修保障涉及的主要管理机构包括美海军各系统司令部、飞机控制监管人员、海军舰载机联队和海军陆战队航空兵联队（Aviation Combat Element，ACE）指挥官（以下简称"联队指挥官"）以及作战指挥官。

2.3.2.1 美海军各系统司令部

1．海军供应系统司令部

海军供应系统司令部负责美海军航空装备维修计划的物资支持，其武器系统保障部门（MNAVSUPSYSCOM Weapons Systems Support，NAVSUP WSS）负责管理飞机、发动机、系统、组件和附件、安全设备、保障设备、航空和气象设备的备件。其具体职责如下。

（1）测算航空器材的使用需求，通过召开供应会议，或协调其他库存控制点管理的器材，实现掌握航空器材数量的情况。

（2）航空器材需求预算和资金分配。

（3）直接从行业或其他政府机构采购器材。

（4）将海军航空系统司令部采购的器材分配到存货点，分发器材以满足库存补货要求，并将请购单提交给存货点以满足要求。

（5）在海军航空系统司令部授权下，处理请购单以外的器材。

（6）制定航空备件维修目录，包括从国防后勤服务中心获取的国家库存编号。

（7）确定由美海军、军种间或商业返工设施处理的可修复组件的系统装备返工要求。

（8）制定、发布和更新器材登记册。

（9）为空射武器提供主要物资支持。

2．海军航空系统司令部

海军航空系统司令部是航空装备维修技术主管单位，主要承担项目管理、合同、研究和工程、测试和评估、物流和工业运营、体系运营等职能。其主要职责如下。

（1）提供有关每个装备维修级别的程序、技术方向和管理评审的要求。

（2）提供详细的技术手册，以明确装备维修和测试程序。

（3）实施与装备维修计量、校准计划相关的任务，以支持美海军航空装备维修计划。

（4）协助海军作战部和其他人员为军官与入伍的航空装备维修人员制订培训计划，包括起草海军训练系统计划和为确定航空系统的人力需求提供技术与后勤支持。

（5）提供航空装备维修物资配额清单，以及海基和岸基活动所需的航空设施清单。

（6）就装备维修数据系统和航空后勤指挥管理信息系统的设计提出建议，以减少冗余、低效和不必要的报告，并确保装备维修数据系统和航空后勤指挥管理信息系统兼容所有级别的装备维修。

（7）担任航空后勤指挥管理信息系统的职能主管，职责包括满足当前航空后勤指挥管理信息系统要求，为改进业务程序提供建议，跟踪变更以验证收益是否已实现。

（8）为海军航空兵司令部发布海军航空装备维修计划提供支持。

（9）为海军航空系统司令部现场活动提供飞机控制监管人员。

（10）提供机队航空性能改进支持。

（11）提供海军航空系统司令部现场服务代表。

（12）开发和维护用于美海军航空装备维修计划管理的信息系统。

（13）规划、设计、开发、实施和协助信息决策支持系统，以管理航空设备的整个寿命周期。

（14）提供与美海军航空资源分析、维修工程、后勤工程和后勤保障计划实施相关的技术支持。

（15）提供对所有航空装备维修培训师和武器系统培训计划，以及飞机培训课程的支持。

（16）提供有关美海军飞机、导弹和相关器材的配置管理的技术指导，海军作战部部长另有指示的除外。

（17）管理装备维修技术状态管理信息系统，包括技术指令状态统计（technical directive status accounting，TDSA），类型/型号/系列的技术状态基线，定期拆卸部件库存项目，飞机、发动机、航空寿命保障系统（aviation life support systems，ALSS）、弹药发射装置（cartridge activated devices，CAD），保障设备，任务悬挂设备（mission mounted equipment，MME）和部件技术状态的优化改进。装备维修技术状态管理信息系统的功能包括精确追踪所有装机和拆下来的部件清单；追踪寿命件的使用状态，如寿命使用指标（life usage index，LUI）、疲劳寿命损耗（fatigue life expended，FLE）、从新品起算时间（time since new，TSN）、从大修起算时间（time since overhaul，TSO）；精确的历史状态记录、追踪定检装备维修记录。

2.3.2.2　飞机控制监管人员

飞机控制监管人员包括海军航空兵部队司令、海军航空预备役部队司令、海军航空系统司令部司令和海军航空兵训练部部长，主要负责为装备维修活动提供足够的资金、人力、训练、器材、设备，以及飞机分配、检查和评估，以完成美海军航空装备维修。其具体职责如下。

1. 资金支持

资金支持主要包括如下内容。

(1)指导财政和预算以支持美海军航空装备维修计划需求,包括根据业务目标分配预算并拨款。

(2)在预算审查期间论证美海军航空装备维修计划所需的资源。

(3)分配、管理器材和财政资源,以有效地运营和保障飞机及装备。

(4)监控航空装备维修费用,并采取措施以改善费用效益。

2. 人力资源规划

人力资源规划内容如下。

(1)对指定的军事、文职和承包商,人力资源行使全面管理权。

(2)与人力规划办公室和招募人员管理中心协调,以解决人员配备不足的问题。海军陆战队人员配备问题将与舰队海军陆战队指挥官协调。

(3)对申请变动的军官、招募人员、公职人员、合同商进行审核。

(4)至少每年审查一次授权的职位,以确保人力需求充足且有效分配。

(5)向人力规划办公室提交人力变更建议。在请求增加人力之前,审查人力需求和分配情况,以了解重新分配现有授权人员的能力。

3. 指导和组织培训

指导和组织培训内容如下。

(1)指导和协调完成司令部航空技术培训。

(2)协调美海军航空技术培训中心开展的航空装备维修培训和海军航空系统司令部主办的工厂培训。

(3)审查新的和修订的培训课程。

(4)协调基地级维修部门对招募入伍的装备维修人员开展的正式培训。

(5)为了装备维修部门的完好性目标,监控和协调所开展的操作培训。

4. 装备维修器材和设备管理

装备维修器材和设备管理内容如下。

(1)对装备维修和供应活动进行监控,以确保符合海军作战部部长提出的要求;征用、控制管理、响应器材需求,合理使用器材资源。

(2)提供装备维修操作程序指导。

(3)协调海军航空系统司令部和海军供应系统司令部调整设备与器材需求,应对飞机和设备的技术状态变更。

(4)监控和验证飞机运行状态报告的准确性。

(5)监控性能数据,并采取措施提高装备维修效率和质量。

5.飞机装备维修的分配

飞机装备维修的分配内容如下。

(1)对报告监管机构的飞机实施管理控制和分派。

(2)指导和协调飞机的基地级维修和检查,根据返修计划发布飞机转移指令,对工作量的变化进行拨款和批准。

(3)向海军作战部部长、海军航空系统司令部司令和海军航空兵部队司令提交飞机记录与报告。

6.检查工作

检查工作的内容包括是否符合美海军航空装备维修计划,是否按照程序正确维修指定飞机和设备,是否按照航空装备维修检查(aviation maintenance inspections,AMI)、维修大纲评估(maintenance program assessments,MPA)、器材状态检查(material condition inspections,MCI)开展评估活动。

2.3.2.3　联队指挥官

联队指挥官负责准备人力、训练、物资和检查美海军航空装备的维修活动。海军陆战队航空兵联队只需承担陆战队航空大队(Marine Aircraft Group,MAG)的部分职责,但必须对其他指定的职责进行监控和审查。联队指挥官的主要职责如下。

1.人力资源规划

联队指挥官将监控每项工作的人力状况,并与人力部门协调,以获得和分配足够数量的装备维修人员,从而达到战备要求。

2.维修相关培训

装备维修相关培训内容如下。

(1)协调和监督正式培训的完成情况,包括优化美海军航空技术训练中心培训课程定额。

(2)将类型/型号/系列装备的在役装备维修培训大纲、器材、课程指导、资质要求和配套文档进行标准化。

(3)通过随访学员和中队来判断其掌握知识和技能的精准度,监控海军航空技术训练中心培训课程的有效性。

(4)通过先进技能管理系统(advanced skills management,ASM)管理资质审核证书与考核问卷数据。

3.装备维修器材准备

装备维修器材准备内容如下。

(1)监督和协助实现飞机与主要设备战备完好性目标。

(2)管理和协调飞机与设备分配活动,以提供足够数量、正确配置的飞机、辅助设备、发动机和航空电子设备,以满足作战要求。

(3)协调后勤部门支持并优先分配可维修和消耗部件,以优化整体器材战备情况。

(4)协调飞机场站的指挥官所获取的飞机装备维修保障设施。管理核实设施的分配和数量,保证装备维修活动符合相关设施、设备维修、安全和储存的政策与规定。当某项装备维修活动重新安排后,协助将设施和设备归还给飞机场站。

(5)为中继级维修部门、基地级维修部门、在役飞机保障中心、海军航空技术鉴定中心、合同商和海军航空系统司令部等多部门提供保障。

(6)发布和执行计划,以支持当前和未来的装备维修任务。

(7)在综合后勤保障和其他与装备维修或供应相关的会议上负责保障相关的议题。

(8)监控单项战备器材列表(individual material readiness list,IMRL)中的库存,确保装备状态符合要求。在海军舰载机联队和海军陆战队航空兵联队分发单兵物资并指导使用。

(9)协助海军航空兵部队司令和审计官对装备维修与设备资金进行预算、分配。

(10)确保下列报告内容准确并在规定时间上报:飞机库存和战备完好性报告、飞机器材状态报告(aircraft material condition report,AMCR)、预算作战目标报告(budget OPTAR reports,BOR)、外来物损伤报告、海军航空兵维修差异报告程序(naval aviation maintenance discrepancy reporting program,NAMDRP)、事故报告等。

(11)优先考虑整体目标与管理信息系统特定的维修活动的分配,为管理信息系统的操作提供技术支持。

(12)监控和核实录入维修数据系统的信息准确性。向海军航空系统司令部的维修数据系统主管提供关于系统适用性和有关数据录入与管理的反馈信息。

(13)对各单位进行定期检查,以确保符合危险品(hazardous material,HAZMAT)管理规定和环保规定。

(14)协调下属单位开展技术状态管理基线审查和回顾,通过基线故障报告(baseline trouble report,BTR)向海军航空系统司令部报告异常。

(15)利用后勤分析与技术评价的决策知识规划(decision knowledge programming for logistics analysis and technical evaluation,DECKPLATE),优化基层级维修机构系统或其数据,准备所有类型/型号/系列的机群以及单个中队的性能数据趋势相关的图、表和报告。

(16)发布关于执行海军航空装备维修大纲或者适用于飞行大队的其他维修行动信息的报告。

4. 检查职责

海军舰载机联队和海军陆战队航空兵联队负责检查装备维修活动,以确保符合海军航空装备维修计划以及飞机装备的器材状态。

2.3.2.4　作战指挥官

作战指挥官包括海军航空母舰舰载机联队和海军陆战队航空兵联队的指挥官等,他们负责联队训练和部署时的行动战备,具体职责如下。

(1)协调制订维修工作所需的人员、设施、保障设备、器材、保障服务以及其他后勤工作的部署前计划。

(2)确定联队的器材和设施需求以减少不必要的重复。

(3)为充分保障部署的飞机和装备,审核所需的供应清单。

(4)确认需求,协调设备、零件和其他器材的分发以保障行动的开展。

(5)在行动部署开始前和进行中,协调美海军舰船上的供应部门、飞机中继级维修部门、航空部门开展支持保障工作。

(6)报告任务中的海军舰载机联队和海军陆战队航空兵联队装备技术状态基线差异。

(7)按照要求汇报飞机器材的战备完好性。

(8)及时监控上交的材料与关于飞机、维修和器材报告的准确性。

(9)对联队和单位的指标进行监控,当呈现无法满足性能要求的趋势时采取必要措施。

(10)协调基地级维修中心和海军航空技术鉴定中心开展支持保障工作。

2.4　美海军装备维修保障管理运行机制

美海军装备维修保障管理运行机制,是指装备维修保障管理系统的工作原理、方式及相互关系的内在规律。美海军装备维修保障管理运行机制,主要包括监督机制、竞争机制、控制机制、分离机制、集中机制等。

2.4.1　监督机制

装备维修保障管理是一项极其重要而又复杂的工作,一些管理部门拥有极大的权力,能够调用大量资金,如果没有监督机制,运作中必然产生不良后果。监督机制的核心是使装备维修保障权力互相制衡和受到监督,保证权力得到合理使用。装备维修保障管理涉及大量的财力、物力、人力,工作成效关系到战斗力强弱。为此,应确保装备维修保障各项权力的合理运用,从而最大限度地使用好有限的资源,以获得最佳的效益。美海军对装备维修保障管理系统监督、检查等不仅设有专门部门,而且建立了一系列的规章制度,并将其细化到每个具体的环节。比如,海军海上系统司令部,就设有4个船厂的舰船监造维修养护总监处,分别位于巴斯、格罗顿、墨西哥湾和纽波特纽斯,主要负责执行舰船建造合同,并对私营船厂建造或维修美海军舰船的成本、进度和质量进行监督。

2.4.2 竞争机制

装备维修保障需要采购一定的商品,为保证采购效益、降低成本、提高收益,竞争机制在市场经济条件下必然成为装备维修保障管理的重要组成部分。通过竞争机制让装备维修保障管理在各个环节发挥重要作用,使美海军以尽可能少的付出获得优良的资源和服务,使有限的资源得到较好的配置。美海军装备生产大部分是以合同方式承包给私营船厂,通过政府拨款等经济政策调控保障活动,为此,坚持"先试后买"的基本原则,通过演示与验证,以需求为牵引,竞争机制效果突出。但在战时竞争机制将受到一定限制,更加强调为战争服务。

2.4.3 控制机制

美海军装备维修保障是分层次、按系统实施的管理体系,其目的是充分发挥各级管理机构的职能作用,调动各部门、各系统的积极性,共同做好装备维修保障工作。控制是管理的重要职能,以器材供应为例,海军供应系统司令部下辖的装备器材管理机构,即海军装备器材库存控制站,无论是海军供应系统司令部武器系统保障部费城办公室(Naval Supply Systems Command Weapon Systems Support-Philadelphia,NAVSUP WSS-PHIL)(原航空供应办公室),还是海军供应系统司令部武器系统保障部梅卡尼克斯堡办公室(原美海军舰船零部件控制中心),都是实施控制机制的典型代表。每个库存控制站负责管理一种或多种器材,器材主要储备在由库存点组成的供应系统内。库存控制站根据库存点提交的业务报告,为库存点提供所需的器材。库存控制站的主要职责包括对多种库存器材进行定位管理;通过库存报告系统对器材供应作业进行控制;为供应系统及其客户提供技术支持和分类服务。随着军事技术的飞速发展,新型军事装备不断投入使用,装备维修保障管理越来越复杂,有效控制将变得更为重要。

2.4.4 分离机制

分离机制的核心是将装备维修保障建设与实施相对分离,目的是提高装备维修保障管理的专业化水平。装备维修保障管理的层次,决定着各级装备维修保障领导管理人员的权力和职责,对应着不同的装备维修保障机构,其所担负的装备维修保障任务范围和应该承担的职责也不同。科学合理的装备维修保障管理系统,可以把系统各层次的维修人员和机构进行清晰划分,并明确职责和任务,从而使各级装备维修保障工作有条不紊地开展,实现保障人员各司其职,各负其责。美海军装备维修保障规划与实施,分别属于军政、军令两个系统。在装备维修保障管理系统中,美海军部部长负责美海军装备维修保障规划,属于军政系统,而作战部部长负责装备维修保障实施,属于军令系统,这实质上是把装备维修保障建设与实施相对分离开来。美海军舰船部队只需提出装备维修保障需求,而无须顾及如何获取和筹划装备维修保障资源等一系列繁杂工作,可以将精力集中于部队作战训练之中。此外,美海军后勤公私合作程度高,装备维修保障社会化历史悠久,出任的美海军部部长多有大公司董事长或经理的任职经历,有些还曾为军工企业项目主管,具有丰富的装备及后勤建设与管理经验。因此,由军政系统管理美海军装备维修保障建设更能充分发挥资源优势,有利于提高装备维修保障建设效率。

2.4.5　集中机制

集中机制主要是指物资保障统归一个职能部门管理,以获得整体保障效益最大化。合理的装备维修保障管理系统,可以使其内部各要素充分发挥各自功能,获得最大的整体效益。在美海军后勤各项保障业务中,除运输保障、财务保障、工程保障、装备建设与维修外,美海军其他所有物资保障均由海军供应系统司令部负责。海军供应系统司令部是美海军规模最大的司令部,负责美海军 300 多万种物资的采购、储存、管理和供应。其通过遍布全球的舰队与工业供应中心保障机构,为在世界各地的作战舰船提供快速的就近装备维修服务,并保障所需的物资。

第3章　美海军装备维修保障力量

美海军装备维修保障力量是指美海军在开展装备维修过程中各方参与的力量。鉴于美海军装备维修工作繁重且装备繁多,仅靠美海军建制力量难以满足其装备维修需求,故需要联合美海军船厂、私营船厂、区域保障中心、战备中心以及美海军海外基地等多方力量联合开展,充分发挥好各种力量的作用才能够更快、更好地完成美海军装备维修保障工作。本章将对美海军装备维修保障力量的构成进行分析,重点从装备维修保障力量的主要架构、具体组成以及主要特点三个层面展开。

3.1　美海军装备维修保障力量的主要架构

装备维修保障力量是美海军部队实施装备日常养护、战时抢修、重大改造升级的主要工作群体,是保持和恢复美海军武器装备系统战技术性能的主要力量。面对战争形式和战场环境的变化,美海军通过改善装备维修保障力量结构,优化作战和保障力量编组,取得了较好的实际效果。本节将对美海军装备维修保障力量的总体架构及舰船装备、航空装备维修保障力量架构进行介绍。

3.1.1　装备维修保障力量的总体架构

美海军装备维修保障力量涵盖了装备维修管理机构、装备维修执行机构、器材供应保障力量等多种力量,其总体架构如图3-1所示。

3.1.1.1　装备维修管理机构

装备维修管理机构主要包括海军海上系统司令部和海军航空系统司令部。两个系统司令部的人员不断增加,且文职人员占比居多。2010年,该系统司令部共有52 901名文职人员和3 019名军事人员,文职人员约占人员总数的95%,如图3-2和图3-3所示。2017年,海军海上系统司令部人数升至70 000人,分布在美国和亚洲的38个国家。2022年8月,该系统司令部拥有文职和军事人员达到了86 600人[①]。2017年,海军航空系统司令部由28 500多名文职人员和军事人员

---

① 数据来源:美海军海上系统司令部官网,https://www.navsea.navy.mil/Who-We-Are/。

组成,分布在美国 8 个地区和 1 个海外驻点。2022 年,海军航空系统司令部拥有文职和军事人员达到了 40 000 人[①]。

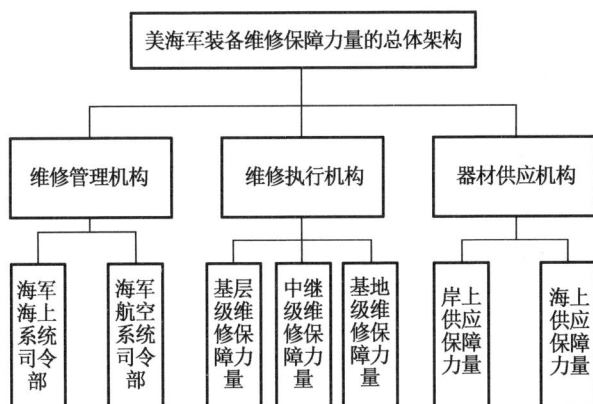

图 3-1　美海军装备维修保障力量的总体架构

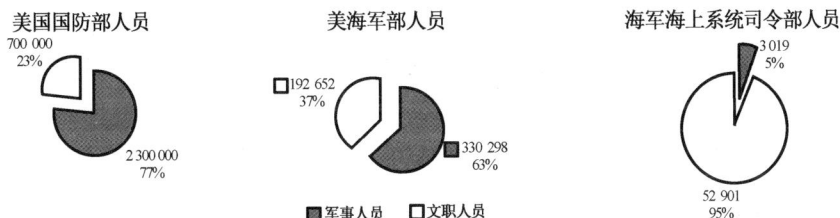

图 3-2　美海军文职人员和军事人员

通过对比海军海上系统司令部与海军航空系统司令部人员数量,可以发现前者人数是后者的两倍有余,反映了对于美海军而言,舰船装备维修保障人员力量要远超航空装备维修保障人员力量,且随着未来美海军舰船装备数量规模的不断扩大,这一差距仍会继续被拉大。此外,2022 年 8 月数据显示,海军供应系统司令部在全球拥有超过 25 790 名军事和文职人员[②],军事海运司令部在全球拥有包括现役和预备役海军人员以及建制内人员 8 000 人,另有 1 400 名海上商业海员,负责 125 艘民用舰船。这些民用舰船作为美海军补充力量,执行特殊任务,在海上预置作战装备,执行各类保障服务任务,并将军事装备和补给运送给海外的

---

①　数据来源:美海军航空系统司令部官网,https://jobs.navair.navy.mil/aboutus。

②　数据来源:海军供应系统司令部官网,https://www.navsup.navy.mil/Jobs/Working-for-NAVSUP/。

美军①。

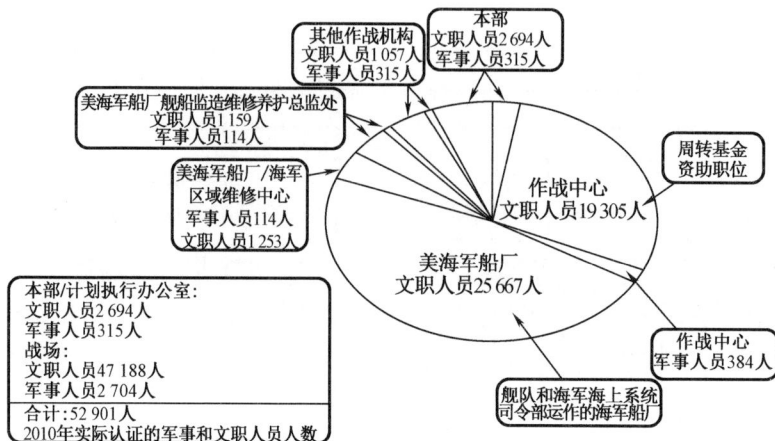

图 3-3　海军海上系统司令部人员构成②

3.1.1.2　装备维修执行机构

美海军现行三级装备维修作业体系,其执行机构主要包括基层级维修、中继级维修和基地级维修保障力量。

1. 基层级维修保障力量

美海军基层级维修保障力量,是指由舰员自己承担装备维修保障任务。近年来,随着装备维修保障体制不断改革,美海军越来越重视基层级维修保障力量建设,以期不断提升海上自主装备维修保障能力。一方面,在大型舰船上设置专门的装备维修部门和专职装备维修人员;另一方面全面加强"海上装备维修训练",大力培训和提升舰员、舰上专职装备维修人员的装备维修保障能力。

2. 中继级维修保障力量

中继级维修保障力量一般分为海上中继级维修保障力量和岸基中继级维修保障力量。海上中继级维修保障力量是指"刘易斯"级和"克拉克"级等可执行装备维修保障任务的军辅船,为美海军海上作战提供强大的海上机动装备保障能力。岸基中继级维修保障力量总部在美国本土,下设舰队技术保障中心,拥有若干装备维修分遣队,部署各地,可为所有非核舰上的系统提供技术保障支援,完成

---

① 数据来源:《2020—2021 军事海运司令部手册》,https://www.msc.usff.navy.mil/Portals/43/Publications/Handbook/MSCHandbook2020.pdf?ver=2020-08-17-081731-190。

② 参见 Chris Zubof chief learning officer, NAVSEA HQ, Transforming NAVSEA with a strategic outlook, July 27, 2010。

舰船小修、改装和大修等任务,能维修所属舰队所有常规动力舰船的船体、动力、电子和武器等装备,可为各级舰船提供干船坞。

3. 基地级维修保障力量

美海军舰船装备基地级维修保障力量的主体,主要包括美海军船厂、软件维修基地以及私营船厂。其中,美海军船厂主要着眼于核动力舰船装备维修服务。私营船厂主要为非核动力舰船提供装备维修服务,但以下两个公司属例外情况:亨廷顿英戈尔斯工业公司纽波特纽斯船厂,该船厂为核动力航空母舰进行中期换料和大修,并为核潜艇提供装备维修保障;通用动力电船公司可为核潜艇保障力量提供装备维修保障[①]。

3.1.1.3　器材供应保障力量

器材供应保障力量主要包括岸上器材供应保障力量和海上器材供应保障力量。岸上器材供应保障力量,是指美海军岸上器材供应部门,由供应军官指挥、领导,主要负责提供仓储、库存控制和器材配送等保障。海上器材供应保障力量,是指美海军海上器材供应部门,其职能可分为器材保障和勤务职责。器材保障职能与作战和维修需求相关,而勤务职责与运作勤务设施相关。海上器材供应部门的编制根据舰船的任务、物理特性和乘员定额情况而有所不同。航空母舰、两栖舰或其他类型舰船通常会安排后勤专业士兵负责器材供应保障。

3.1.2　舰船装备维修保障力量架构

美海军舰船装备维修保障实行三级维修体系,每一级别都指定了责任主体和主要装备维修任务,以确保舰船装备维修保障工作的顺利运行。

3.1.2.1　基层级维修保障

基层级维修保障是最低的维修级别,包括美海军舰船部队能力范围内的所有装备维修行动。基层级维修是防止微小缺陷发展成为主要作战和装备问题的第一道防线。在资源有限的情况下,美海军舰船部队应努力提高自我保障能力和自我评估能力。海军作战部部长负责将美海军舰船装备维修任务和责任分配给潜艇、水面舰船(包括航空母舰、两栖舰船、驱逐舰和巡洋舰)上的维修部门及其他指定的基层级维修机构,这些机构可以对指定的任务和特定系统、设备执行基层级维修任务与有限的中继级维修任务。

3.1.2.2　中继级维修保障

中继级维修保障所需的技能、设施或能力超出对基层级的要求,但不一定需

---

① 参见 RAND Corporation,A strategic assessment of the future of U. S. navy ship maintenance challenges and opportunities,2017。

要基地级的技能、设施或能力。通常,中继级维修由舰队装备维修机构(Fleet Maintenance Activity,FMA)以及舰队指挥官指定的私营船厂执行。其中,舰队装备维修机构包括岸基装备维修机构和招标的私营船厂以及海军区域维修中心。

3.1.2.3 基地级维修保障

基地级维修保障所需的技能、设施或能力,超出了基层级维修和中继级维修的水平。通常基地级维修由美海军船厂、私营船厂或海军海上系统司令部指定的大修点(designated overhaul point,DOP)执行。2017年,美国国防部副部长办公室发布了《运营与维修概述2018财年财政估算》[①]文件,指出美海军计划于2020财年将全职员工从33 500人增加到36 100人,以提高美海军船厂的基地级维修任务的吞吐量,如图3-4所示。

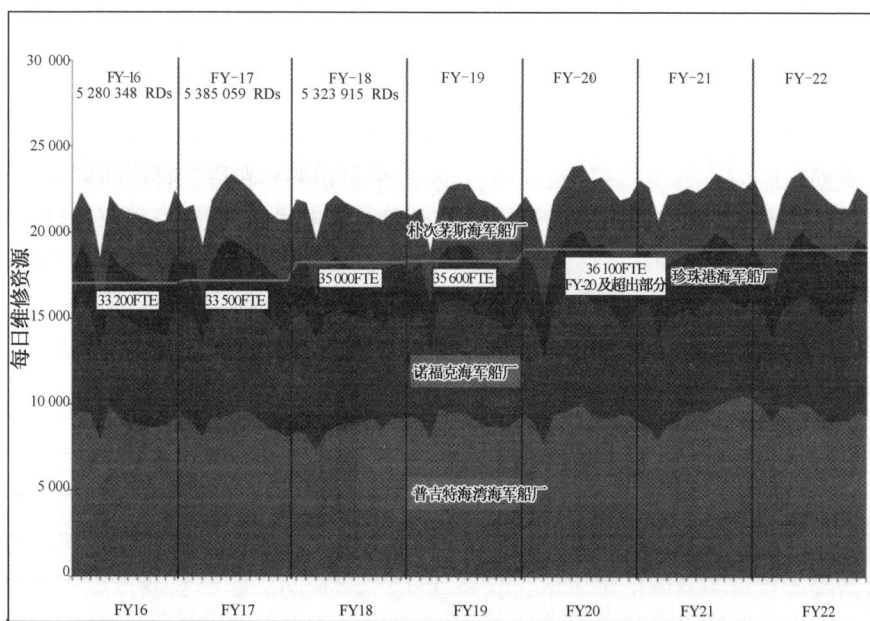

FY—财年;RDs—维修资源;FTE—全职工作量。

图3-4 美海军船厂装备维修人员调整

3.1.3 航空装备维修保障力量架构

美海军航空装备维修保障实行三级维修体系,每一级别都指定了责任主体和主要维修任务,以确保美海军航空装备维修保障的顺利运行。

---

① 参见 Operation and maintenange overview fiscal year 2018 budget estimates。

3.1.3.1　基层级维修保障

基层级维修保障主要任务是对美海军飞机、无人机或无人机系统(unmanned aircraft system, UAS),以及航空设备的零件、小型组件和子组件进行检查、保养、润滑、调整与更换。通常情况下,基层级维修由飞机或航空设备使用机构来执行,但是也可以通过中继级维修和基地级维修机构对指定设备或正在进行基地级返修的飞机执行基层级维修。大多数美海军或海军陆战队的基层级维修机构,都是通过工作规程(work order, WO)的方式,在优化基层级维修机构系统(optimized organizational maintenance activity, OOMA)中记录自己的工作①。

3.1.3.2　中继级维修保障

中继级维修保障由负责该部队作战飞机和航空设备保障任务的指定装备维修机构执行。航空装备的中继级维修机构主要包括航空装备的使用单位、航空站点、中继级机群战备中心。通常情况下,中继级维修机构或机群战备中心由飞机装备维修部门或分遣队、供应部门和武器部门组成。大多数美海军和海军陆战队的中继级维修机构,都是通过维修活动表(maintenance action form, MAF),在优化的中继级维修机构(optimized intermediate maintenance activity, OIMA)中记录自己的工作。中继级维修主要包括航空部件及其保障设备(support equipment, SE)的检测和维修、中继级校准、中继级维修(如无损检测)、特定装备维修用部件的制造等②。

3.1.3.3　基地级维修保障

基地级维修保障主要由海上航空系统司令部下属的基地级机群战备中心执行,其维修任务如下。

(1)飞机的标准基地级维修(standard depot level maintenance, SDLM)。

(2)发动机、主要部件的维修。

(3)飞机、发动机的改装。

(4)零件或套件的制造或改装。

(5)根据以可靠性为中心的维修所进行的飞机和设备寿命研究(age exploration, AE),提供超出基层级和中继级能力范围的工程援助与维修保障。此外机群战备中心还可为基层级维修和中继级维修提供支援。

---

① 参见海军航空兵司令部司令指示 COMNAVAIRFORINST 4790.2C《美海军维修大纲:概念、职能、职责》。

② 同上。

3.2 美海军装备维修保障力量的具体构成

本节将对美海军装备维修保障力量的具体构成进行介绍,内容涵盖美海军舰船装备及航空装备在基层级、中继级和基地级的维修保障力量配置。

3.2.1 基层级维修保障力量

基层级维修保障力量负责最低级别的装备维修,其力量主要是美海军装备的使用单位。下面将对美海军舰船装备和航空装备的基层级维修保障力量进行梳理,以明晰当前美海军不同装备基层级维修保障力量的现状。

3.2.1.1 美海军舰船装备基层级维修保障力量

美海军舰船装备基层级维修保障力量根据装备不同有所差异。航空母舰上有舰载维修车间,配备各种机械设备和工具,舰载维护组主要负责航空母舰上的维护、修理和清洁工作。潜艇与水面舰船主要由其机械师与电气工程师等人员开展基层级维修工作。美海军基层级维修一般采用"谁使用、谁维修"的原则,既有较稳定的、服役时间较长的专职装备维修人员(专业技术操作人员出身),也有大量服役时间相对较短、但经过了系统培训且具备实际操作技能的兼职装备维修人员,强调实践与理论相结合,并从优秀操作人员中培养装备维修骨干。在美海军舰船各中队设置了维修控制、质量监管、维修支持、器材管理和维修工作等兼职维修分队;同时,设置了维修与物资管理部门、作战系统部门等专职维修机构。美海军舰船装备基层级维修保障力量根据航空母舰、两栖舰、潜艇以及其他水面舰船等装备类型确定。

(1)航空母舰上的装备维修部门主要承担航空母舰平台及舰载设备的基层级维修、部分中继级维修,以及舰载机的基层级维修和中继级维修任务,航空母舰上的装备维修人员可分为专业装备维修人员和辅助装备维修人员两大类。

(2)两栖舰上的装备维修部门负责设备和系统的装备维修,包括发动机和推进系统,武器、通信和导航系统,装备维修人员使用各种工具、测试设备和诊断技术,以保持两栖舰系统运行在最高效率上。此外,两栖舰上还有工程师、电工和技术员,以确保舰船战备状态。

(3)潜艇装备维修有一个由 20～30 人组成的装备维修部门,负责从潜艇的基本维护和清洁到执行更复杂的装备维修与保养任务。潜艇装备基层级维修由维修机构人员与潜艇携带的声呐、导航以及通信等领域专家一同工作,确保潜艇正常运作并有能力执行任务。

3.2.1.2　航空装备基层级维修保障力量

美海军作战部部长将飞机装备维修任务和责任分配给海军作战和训练部队、舰队陆战队部队(Fleet Marine Force,FMF)、非舰队陆战队部队和其他指定的基层级维修机构。这些机构可以对指定的特定系统与设备执行基层级维修任务和有限的中继级维修任务。其中,美海军机群和中队主要包括航空母舰舰载机联队、直升机战斗支援中队、直升机反水雷中队、轻型反潜直升机中队、直升机海上打击中队、战术电子战中队、航空母舰空中预警中队、战斗机/攻击机中队、战斗机合成中队、巡逻机中队、机群后勤保障中队、机群战术保障中队、机群空中侦察中队、试飞中队。海军航空训练/海军陆战队航空预备役中队和部队包括海军航空兵技术训练中心、直升机训练中队、海军陆战队航空预备队、海军航空预备队、彭萨科拉海军航空技术训练中心。航空装备基层级维修保障力量的组织架构如图 3-5 所示。

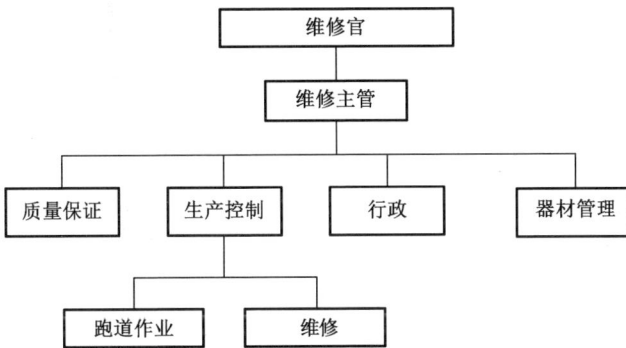

图 3-5　航空装备基层级维修保障力量的组织架构

航空装备基层级维修工作涉及飞机装备维修部门和机场装备维修部门。飞机装备维修部门的维修主管会指定维修人员负责飞机装备的定期维修、检修、去污和基层级修复。机场装备维修部门为飞机的飞行做准备,并发射和回收航空装备。在美海军中队,机场装备维修力量包括机长、故障检修中心以及支持设备维修中心。

3.2.2　中继级维修保障力量

中继级维修保障力量的基本任务是对装备定期进行难度较大的维修,或执行更换大型部件工作,它是介于基层级与基地级之间的一个装备维修保障层级。具体来说,其承担了超出基层级维修保障能力和设施支撑,而低于基地级维修保障能力和设施支撑的装备维修保障任务。下面将梳理美海军舰船装备中继级维修保障力量和航空装备中继级维修保障力量,以明晰当前美海军不同装备中继级维修保障力量的现状。

3.2.2.1 舰船装备中继级维修保障力量

舰船装备中继级维修保障力量主要包括海上中继级维修保障力量和岸基中继级维修保障力量,以及指定的其他舰船装备中继级维修机构。其中,舰船装备海上中继级维修保障力量由一系列海上支援舰船组成,负责舰船装备零部件补给和中继级维修工作。舰船装备岸基中继级维修保障力量主要包括区域维修中心、美海军船厂的中继级维修保障力量。其他的指定舰船装备中继级维修机构主要包括与美海军签订装备维修协议的私营船厂。

1. 舰船装备海上中继级维修保障力量

舰船装备海上中继级维修保障力量主要包括"供应"级战斗支援舰、"埃默里·兰德"号潜艇支援舰(USS Emory S. Land, AS 39)、"蒙特福特角"级机动登陆平台等,这些舰船上拥有充足的装备维修车间,齐全的备品备件、器材及维修设施,可完成所需保障舰船、潜艇等各类装备的维修保养任务,以及导弹技术准备、装填等保障工作。当前,美海军海上装备维修能力极度萎缩。1990 年,美海军拥有 11 艘潜艇支援舰、9 艘水面支援舰和 2 艘维修船,但目前仅剩 2 艘潜艇支援舰,即"埃默里·兰德"号和"弗兰克·凯布尔"号(USS Frank Cable, AS 40),这两者都被部署在关岛的阿普拉港,负责从日本到波斯湾战区的美海军舰船和潜艇的维修工作。当前,美海军正在加紧推动新一代潜艇支援舰 AS(X)的研制工作。2022 年 4 月 4 日,美海军将初步设计合同交给了 L3 哈里斯、通用动力国家钢铁造船公司和亨廷顿英格尔斯工业公司[①]。潜艇支援舰如图 3-6 所示。

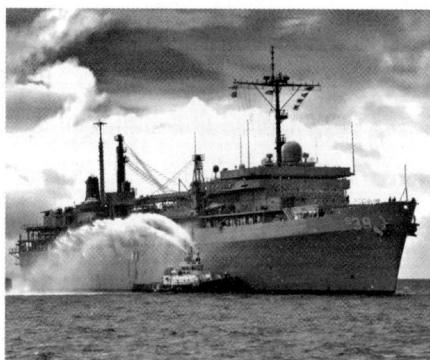

图 3-6 潜艇支援舰

---

① 参见 https://www.navalnews.com/naval-news/2022/05/l3harris-selected-for-us-navy-asx-next-generation-submarine-tender/。

2. 区域维修中心

美海军于 2010 年 12 月 15 日,在海军海上系统司令部下成立了海军区域维修司令部,专门负责运营和监督区域维修中心。区域维修中心的组织结构如图 3-7 所示,其主要下属部门包括东南区域维修中心(Southeast Regional Maintenance Center,SERMC)(佛罗里达州梅波特)、西南区域维修中心(Southwest Regional Maintenance Center,SWRMC)(圣地亚哥)、前沿部署区域维修中心(Forward Deployed Regional Maintenance Center,FDRMC)(巴林分遣队、意大利那不勒斯区域维修中心、西班牙罗塔区域维修中心)、大西洋中部区域维修中心(Mid-Atlantic Regional Maintenance Center, MARMC)(弗吉尼亚州诺福克)以及美海军舰船装备维修设施和日本区域维修中心(Naval Ship Repair Facility and Japan Regional Maintenance Center,SRF-JRMC)。

图 3-7　海军区域保障中心组织

(1)东南区域维修中心

东南区域维修中心位于佛罗里达州梅波特,2022 年拥有 1 250 名员工,可为美海军水面舰船装备提供现代化维修保障。东南区域维修中心的责任区从南卡罗来纳州查尔斯顿延伸至南美洲。2022 年 8 月 1 日,该中心成立了新的远程中继级维修部门“维修执行团队”(maintenance execution team,MET)。该团队主要采用预防性维修理念重点对战备状态的近海战斗舰开展维修,以提升美海军近海战斗舰的作战能力。

(2)西南区域维修中心

西南区域维修中心由 1 000 多名文职人员、900 名现役人员和 400 名承包商组成,为美国太平洋舰队和美国海岸警卫队的水面舰船、潜艇、岸上活动与其他司令部提供基地级及中继级维修支持、部分装备维修培训任务。此外,西南区域维修中心还提供舰队技术援助(fleet technical assistance, FTA)作为远程支持或机载技术援助以排除设备故障。该中心主要为太平洋舰队服务,还为美国海岸警卫队的航空和水面舰船部队,以及美海军陆战队的地面与航空装备提供维修保障。

(3)前沿部署区域维修中心

前沿部署区域维修中心通过舰队技术援助、航行维修、合同管理监督、评估以及潜水和打捞,为美国第五、第六舰队的临时及前沿部署海军部队提供紧急、中继级维修与基地级维修和现代化改造。其主要包含巴林分遣队、意大利那不勒斯区域维修中心以及西班牙罗塔区域维修中心三个下辖机构。

①巴林分遣队的主要任务是为美国第五舰队海军舰船提供航行维修、舰队技术援助等,2023年初正为14艘部署在红海、阿拉伯海、波斯湾和印度洋部分地区的美海军舰船装备提供中继级维修与基地级维修。该分遣队由众多高度专业化的技术人员组成,主要部署在吉布提、迪拜、约旦或其他中东国家的舰船上,负责舰船装备维修保障任务。

②意大利那不勒斯区域维修中心和西班牙罗塔区域维修中心。虽然那不勒斯是美国第六舰队的所在地,但"惠特尼山"号和4艘"阿利·伯克"级驱逐舰主要驻扎在西班牙罗塔。西班牙罗塔海军基地是"通往地中海的门户",可以方便地进入西班牙、欧洲和北非各地。两个中心拥有众多专业化技术人才,主要为美国第五和第六舰队行动区域内的舰船与飞机装备提供舰队技术援助和航行维修支持,同时也为罗马尼亚和波兰地区的"宙斯盾"岸上导弹防御设施提供维修。

(4)大西洋中部区域维修中心

大西洋中部区域维修中心主要服务于美国舰队司令部,为其提供服务,以确保美海军舰船及其船员能够以最短的维修停机时间完成任务。该中心拥有强大的发电机系统控制技术、阀门、武器系统和持续承受极端条件的补给设备,可支持在大西洋、地中海和海湾地区部署的70多艘舰船装备的维修任务。此外,其还拥有一个辅助浮动干船坞(auxiliary floating dry dock DYNAMIC, AFDL 6),可为反水雷舰、巡逻舰以及围场拖船等类似尺寸舰船装备提供维修服务。

(5)美海军舰船装备维修设施和日本区域维修中心

美海军舰船装备维修设施和日本区域维修中心位于日本横须贺地区,负责维修美国第七舰队22艘前沿部署的舰船。其任务主要包括海滨维修操作、设计与规划、舰队维修后勤、起重与装卸操作、电子与武器系统维护、质量保证、信息技术与网络安全、持续改进和行政服务等。美海军舰船装备维修设施和日本区域维修中心为前沿部署的美海军舰船提供全方位的装备维修和现代化改造,以及为来访的舰船提供航行维修。其干船坞设施可以支持美海军服役的大多数舰船装备维修任务,主要设施包括总排水量为53万吨的6个干船坞、19个湿泊位、10座工业建筑、面积为 73 万平方英尺^①的总厂房和 1.53 万英尺的码头。

3. 美海军的中继级维修机构

美海军船厂的中继级维修机构主要指普吉特海湾海军船厂和中继级维修站（puget sound naval shipyard and intermediate maintenance facility，PSNS & IMF）（位于华盛顿州布雷默顿）、珍珠港海军船厂和中继级维修站（Pearl Harbor naval shipyard and intermediate maintenance facility，PHNSY & IMF）（位于夏威夷州火奴鲁鲁市郊），这两个美海军船厂被设置为区域性船厂。其中，普吉特海湾海军船厂和中继级维修站专注于为美海军提供高质量、及时的维修与现代化改造保障。该船厂在华盛顿的布雷默顿、班戈（Bangor）、埃弗雷特（Everett）、圣地亚哥和日本都有分支机构。珍珠港海军船厂和中继级维修站是夏威夷美海军水面舰船与潜艇的一站式区域维修中心。珍珠港海军船厂的主要任务是为美国太平洋舰队的水面舰船与潜艇提供基地级和中继级区域维修。该船厂在战略上位于太平洋中部，是西海岸和远东地区最大的美海军舰船装备维修机构，同时也是夏威夷到亚洲西南地区快速紧急维修的支援机构。珍珠港海军船厂为整个地区的行动提供支持、舰船技术评估、校准、潜水储物柜、危险品管理和有害废弃物处理、设备维修、石油与化学分析、自然灾害和应急响应。该船厂还为美国及其盟友的军官和海员提供船厂管理与维修的训练。

4. 指定的其他舰船装备中继级维修机构

基于《舰船维修主协议》（master ship repair agreement，MSRA）和《舰船维修协议》（agreement for boat repair，ABR），美海军在全球布局了数十个海外维修网点。海外维修网点可为美海军舰船装备提供损伤评估和航行维修等服务，也可协助美海军区域维修中心派出的飞行维修团队开展一定的中继级维修。2017 年以来，印度和澳大利亚等多家船厂加入了这类协议，成为美海军在印太地区的舰船装备维修网络节点，如图 3-8 所示。2020 年 2 月，澳大利亚造船公司奥斯塔（Austal）宣布，该公司的船厂与美海军签订了一份《舰船维修协议》。根据该协议，奥斯塔公司的业务部门可以为美海军的军舰提供应急维修服务，其中包括由该公司设计和建造的"独立"级近海战斗舰^②。2022 年 8 月，美海军与印度拉森特博洛船厂（Larsen and Toubro shipyard，L&T）签订了一份合同，合同规定由该船厂承担"刘易斯·克拉克"级弹药船"查尔斯·德鲁"号的维修工作。

3.2.2.2 航空装备中继级维修保障力量

航空装备中继级维修保障力量包括航空装备的使用单位、航空站点、中继级

---

① 1 平方英尺 = 0.092 9 平方米。

② 参见 https://www.naval-technology.com/news/austal-agreement-us-navy/。

机群战备中心(Fleet Readiness Centers,FRCs)。其中,使用单位主要包括搭载飞机的舰船、部分飞机中队。下面将对航空装备中继级维修保障力量的具体情况进行介绍。

1. 舰船

能够进行中继级维修的舰船包括核动力航空母舰、通用两栖攻击舰和多用途两栖攻击舰。这些舰船具有以下维修职责。

(1)为已登舰的航空部队提供基层级维修和中继级维修(仅限于故障排除和更换次要部件,如发动机、开关、皮带、轮胎和机轮)。

(2)为已登舰的航空部队提供装备维修设施。

(3)为已登舰的航空部队提供装备维修保障设备以及对维修设备的中继级维修。

(4)向离舰的航空部队提供中继级维修保障和基层级维修器材。

(5)负责坠毁飞机设备的回收、飞行甲板和飞机库甲板清洁及腐蚀控制。

2. 维修中队

根据飞机控制监管人员和海军航空系统司令部司令的授权,维修中队有权对机构的特定设备和指定飞机进行有限的中继级维修。在部署时,直升机反水雷中队和分遣队有权根据适用的武器系统规划文件对机载反水雷设备进行有限的中继级维修。

3. 航空站点

美海军设立了航空站点进行航空装备的维修保障。绝大多数航空站点可执行基层级维修和中继级维修,少数航空站点能够进行一定的基地级维修。其中,中继级维修站点可进行航空装备中继级维修。航空站点装备维修级别具体情况见表3-1。

表3-1　航空站点装备维修级别具体情况

航空站点	装备维修级别			备注
	基层级	中继级	基地级	
科珀斯克里斯蒂海军航空站	X	X	—	注释2
法伦海军航空站	X	X	X	注释3,8
杰克逊维尔海军航空站	X	X	X	注释1,9
基韦斯特海军航空站	X	X	—	注释3
金斯维尔海军航空站	X	X	X	注释2
勒莫尔海军航空站	X	X	X	注释1,7
子午线海军航空站	X	X	—	注释2

表 3-1(续)

航空站点	装备维修级别			备注
	基层级	中继级	基地级	
北岛海军航空站	X	X	X	注释 1,9
大洋洲海军航空站	X	X	X	注释 1,7
帕图森河海军航空站	X	X	—	注释 1
彭萨科拉海军航空站	X	X	—	注释 3
木古角海军航空站	X	X	—	注释 1
锡戈内拉海军航空站	X	X	—	注释 3,5
惠德比岛海军航空站	X	X	X	注释 1,6,7
怀挺航空站	X	X	—	注释 2
沃斯堡海军航空站联合储备基地	X	X	—	注释 2
新奥尔良海军航空站联合储备基地	X	X	—	注释 2
厚木海军航空站	X	X	—	注释 2,8
三泽海军航空站	X	X	—	注释 2
华盛顿海军航空站	X	X	—	注释 3
艾尔森特罗海军航空站	X	X	—	注释 4
关塔那摩湾海军基地	X	X	—	—
五月港海军基地	X	X	X	注释 1,7
诺福克海军基地	X	X	X	注释 1,7
"中国湖"海军航空武器站	X	X	—	注释 3
巴林海军支援设施	X	X	—	注释 3
那不勒斯海军支援设施	X	—	—	注释 4
苏达湾海军支援中心	X	X	—	注释 4
麦奎尔-迪克斯-莱克赫斯特联合基地	X	X	—	注释 3
关岛安德森空军基地	X	X	X	注释 3,7
嘉手纳空军基地	X	X	—	注释 4
太平洋导弹靶场设施	X	X	—	注释 6

注:1. 中继级维修机构对军事设施中的飞机进行全面的中继级维修。

2. 中继级维修机构对军事设施中的飞机进行有限的中继级维修。

3. 中继级维修机构在选定的功能中对军事设施中的飞机及飞机部件和系统进行有限的中继级维修。

4. 中继级维修机构执行有限的保障设备维修,并为飞机进行轮胎和机轮组装。

5. 锡戈内拉飞机中继级维修部门为苏达湾海军支援中心和莱蒙尼尔营地提供有限的保障

设备维修。

6.授权对氧和氮生产设备进行操作、维修与执行有限的基地级维修功能。

7.在飞机报告保管人员的支持下,用于分阶段基地级维修和基地级改造的永久站点。

8.基地级在役维修能力永久站点。

9.基地级舰队战备中心。

4.中继级机群战备中心

位于美国东、西海岸和日本的机群战备中心负责对美海军飞机、发动机、部件和设备进行维修。机群战备中心可承担中继级和基地级航空装备的维修保障任务。每年大约有6 500名美海军和海军陆战队队员,以及超过9 500名舰队机群中心基地维修人员检修近1 000架飞机、数千台发动机和数十万个部件。现有机群战备中心包括东南机群战备中心、东部机群战备中心、西南机群战备中心、大西洋中部机群战备中心、西部机群战备中心、西北机群战备中心、西太平洋机群战备中心、航空支援设备机群战备中心以及预备役中西部机群战备中心9个下辖机构①。

中继级机群战备中心包括大西洋中部机群战备中心、西部机群战备中心和西北机群战备中心,其具体职责见表3-2。

表3-2 中继级机群战备中心具体职责

中继级机群战备中心	具体职责	主要维修的装备类型/型号/系列	维修人员数量
大西洋中部机群战备中心	对众多舰载机进行定期维修检查、计划外紧急在役维修、结构和电子系统维修	F/A-18、E-2、C-2、H-60、CH-46、AH-1、UH-1、EA-6B 和 H-53飞机/直升机,地面支持设备,相关 F-404、T-56、T-700、T-400、T-64 发动机型号	美2 500名海军和海军陆战队队员、文职人员

---

① 数据来源:机群战备中心官网,https://www.navair.navy.mil/comfrc/node/541。

表 3-2(续)

中继级机群战备中心		具体职责	主要维修的装备类型/型号/系列	维修人员数量
西部机群战备中心		提供优质的中继级和基地级航空装备维修、部件维修和后勤保障	专注于攻击战斗机 FA-18,以及 EA-6B、E-2、H-60、F-5、F-16、T-39、H-60、AH-1、EA-6B、AV-8 和 C-130 平台	1 600 多名专职人员组成,包括美现役与预备役海军和海军陆战队队员,以及支持的承包商
西北机群战备中心		提供超过 12 500 种不同航空部件的中继级维修和基地级维修。为喷气发动机、机身、航电设备、武器装备、航空寿命保障系统、弹射座椅和 2 300 多件保障设备提供维修服务,直接支持 22 个本土部署的中队、10 艘航空母舰、3 个海外作战基地	EA-18G、P-3/EP 3、C 40 和航空母舰舰载机,以及 T56-A-14 发动机	美 1 000 多名海军、国防部文职人员和承包商人员

　　中继级维修机构或机群战备中心,为保障范围内的舰船或场站上的飞机和航空设备履行中继级维修职能。通常情况下,该机构由飞机装备维修部门或分遣队、供应部门和武器部门组成。承担岸上和海上中继级维修保障任务的中继级维

修机构标准化组织分别如图3-8、图3-9和图3-10所示。

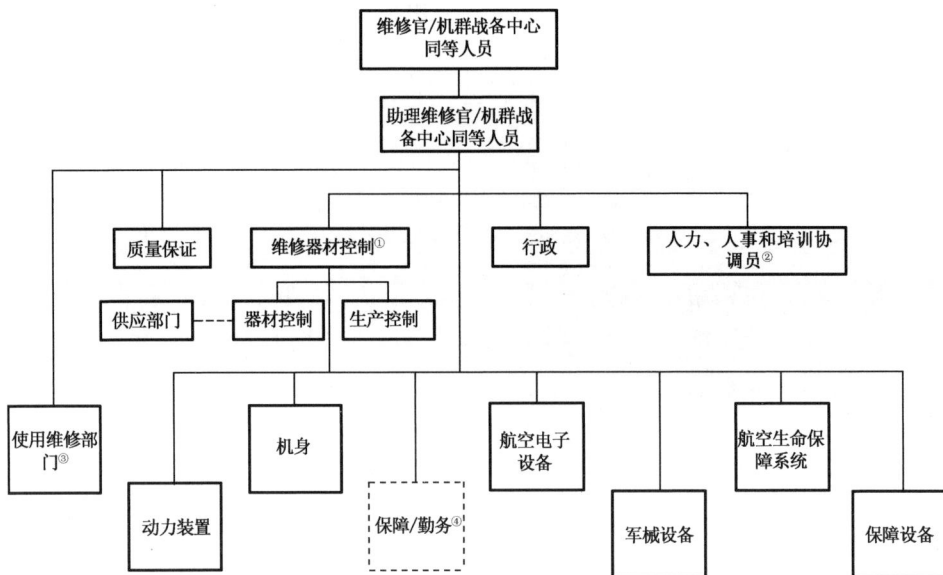

注:①仅限对生产事务具有直接权力。

②适用于超过500人的大型中继级维修机构(包括临时性附加工作人员)。对于人员少于500人的中继级维修机构而言,这一职位不是必需的。

③当授予使用维修部门与中继级维修机构进行合并的特定权限时,必须建立基层级维修部门。

④这是一个可选的分部。保障服务可以包括由单项器材战备列表和维修官确定的其他职能。

图3-8 中继级维修机构或机群战备中心场站的编制(岸上)

3.2.3 基地级维修保障力量

2020财年,美海军基地级维修机构共有4个海军船厂、12个基地级软件维修机构和3个基地级机群战备中心①。这些基地级维修机构与美海军指定的私营船厂一起,共同执行美海军装备的基地级维修保障任务。

3.2.3.1 美海军船厂

美海军舰船装备基地级维修的建制力量主要包括4个海军船厂②,它们分别位于弗吉尼亚州诺福克、缅因州基特里、华盛顿布雷默顿和夏威夷珍珠港,负责执行美海军核动力航空母舰和核潜艇的基地级维修与中继级维修、现代化改造、抢

---

① 数据来源:DOD Maintenance 2020 fact book。

② 船厂分类与定义的依据是,1982年,美海军与海事管理局联合完成的船厂动员基地分析。该分析将1982年作为后续年度研究的起始年份,并确定只有配备了375英尺(114米)或更大造船或维修点的设施才能归入重要造船与维修基地。这一船厂性能参数在1985年扩大为400英尺(122米)。

修及故障处置工作。

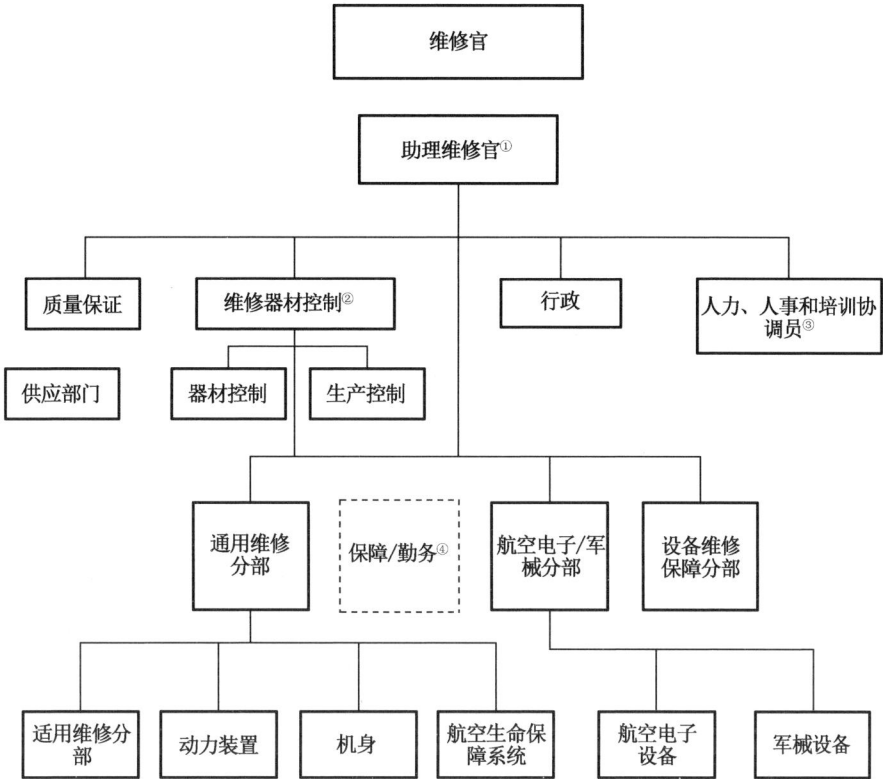

```
                        ┌──────────┐
                        │  维修官  │
                        └────┬─────┘
                             │
                        ┌────┴──────┐
                        │ 助理维修官① │
                        └────┬──────┘
        ┌───────────┬────────┼──────────┬──────────────┐
   ┌────┴────┐ ┌────┴──────┐ │    ┌────┴───┐  ┌──────┴──────┐
   │ 质量保证 │ │ 维修器材控制②│ │    │  行政  │  │ 人力、人事和培训协│
   └─────────┘ └──┬───────┬─┘ │    └────────┘  │   调员③      │
                  │       │                      └─────────────┘
   ┌──────┐  ┌───┴───┐ ┌┴────┐
   │供应部门│  │器材控制│ │生产控制│
   └──────┘  └───────┘ └─────┘
```

注:①本编制结构图可由兵种司令认可机构进行授权,用于有限人力配额的某些岸上机构。
②仅限对生产事务具有直接权力。
③获准从事超过 500 人的职能和岸上中继级维修机构。
④这是一个可选的分部,只限授予航空母舰。保障服务可以包括由单项器材战备列表、损害管制部门和维修官确定的其他职能。

图 3-9　中继级维修部门编制(海上)

　　每年美海军为 4 个海军船厂运营制定至少 40 亿美元的预算,这些船厂为美海军舰船装备提供了以下服务:反应堆装置(reactor plant)维修;核动力舰船推进装置维修;反应堆舱处置和舰船回收;损坏修复和中继级维修工作;舰船装备维修工程、规划和复杂的可用性项目管理,以及海员和文职人员舰船装备维修培训。尽管美海军船厂以舰船建造而闻名,但在过去的几十年里,美海军将其造船业务转移到私营船厂,使美海军船厂能够将主要精力集中在舰船维修上。4 个海军船厂都相对靠近某一个主要的舰船母港,以使其能够对驻扎在本地的舰船进行更长周期的维修,各个船厂也根据联邦法律保留其关键技能和设施。下面将介绍各个船厂的基本情况。

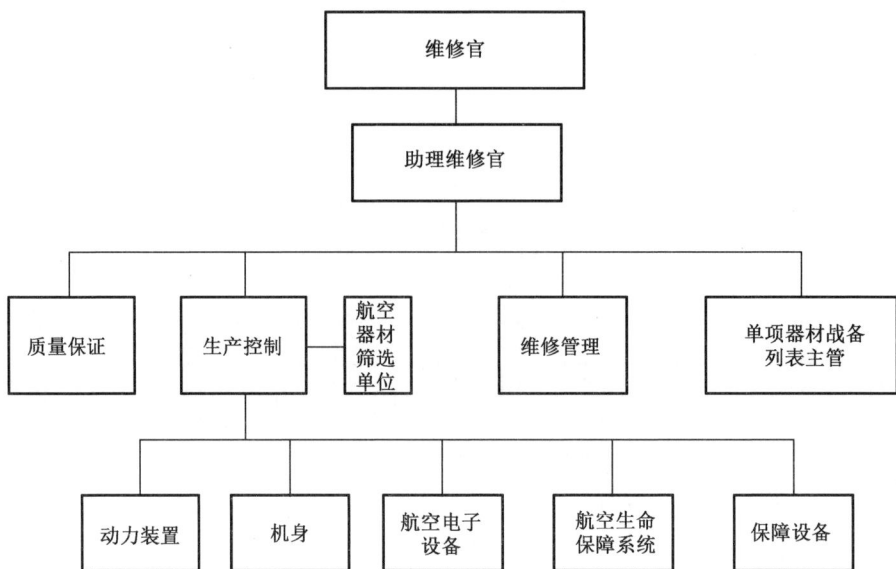

图 3-10 中继级维修部门编制（海军陆战队）

1. 诺福克海军船厂

诺福克海军船厂是美国历史最悠久的船厂，也是美海军最大的工业基地之一。诺福克海军船厂拥有 5 个干船坞和 4 个主要码头，能够对包括航空母舰、潜艇、水面舰船和两栖舰船在内的所有美海军舰船类型进行维修和现代化改造，是美国东海岸仅有的能够对核动力航空母舰实施干船坞维修的船厂。诺福克海军船厂如图 3-11 所示。2000—2016 财年，诺福克海军船厂 49 项维修任务中的 27 项被推迟，导致核动力航空母舰和潜艇损失 2 945 个作战日。2016 财年，诺福克船坞执行了 150 万个人工的工作量，雇用了 10 642 名员工。诺福克海军船厂的绩效如图 3-12 所示。

图 3-11 诺福克海军船厂

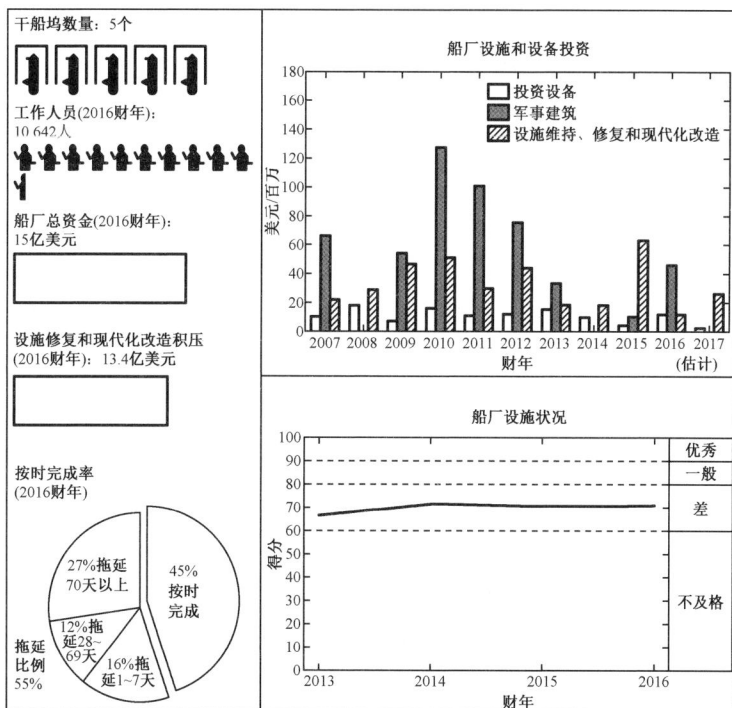

干船坞数量：5个

工作人员(2016财年)：
10 642人

船厂总资金(2016财年)：
15亿美元

设施修复和现代化改造积压
(2016财年)：13.4亿美元

按时完成率
(2016财年)

船厂设施和设备投资

投资设备
军事建筑
设施维持、修复和现代化改造

船厂设施状况

图 3-12　诺福克海军船厂的绩效

2. 朴次茅斯海军船厂

朴次茅斯海军船厂位于缅因州基特里,建于 1800 年,被誉为美国"造船工业的摇篮",负责为美海军的潜艇舰队提供安全、及时、可靠的装备维修保障和质量检修工作。该船厂的主要任务是核动力潜艇装备的维修、现代化改造和故障处理等。朴次茅斯海军船厂如图 3-13 所示。

图 3-13　朴次茅斯海军船厂

2000—2016 财年,朴次茅斯海军船厂 44 项维修任务中的 29 项被推迟,导致核动力潜艇损失 2 945 个作战日。2016 财年,朴次茅斯海军船厂执行了将近 83 万个人工的工作量,雇用了 5 508 名员工。朴次茅斯海军船厂的绩效如图 3-14 所示。

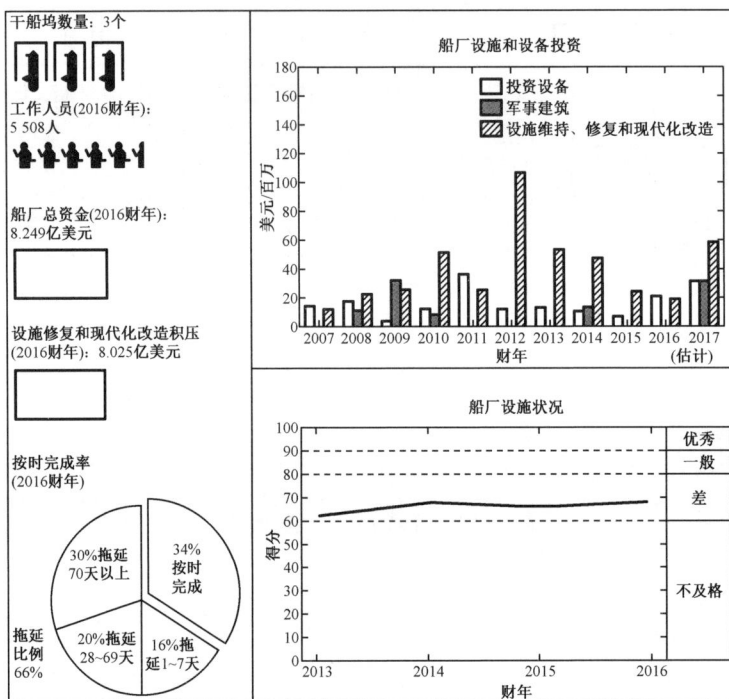

图 3-14　朴次茅斯海军船厂的绩效

3.普吉特海湾海军船厂

普吉特海湾海军船厂在华盛顿的布雷默顿(Bremerton)、班戈(Bangor)、埃弗雷特(Everett)、圣地亚哥(San Diego)以及日本都有分支机构。普吉特海湾海军船厂如图 3-15 所示。

普吉特海湾海军船厂是西海岸最大的船厂,配备的设备设施和人员可完成各级海军舰船维修任务,主要进行核动力航空母舰和潜艇的装备维修工作。配有西海岸仅有的一个可完成航空母舰装备维修任务的干船坞,而且是美海军中唯一能够对核动力舰船进行核反应堆拆除和舰船回收的船厂。

2000—2016 财年,普吉特海湾海军船厂 76 项维修任务中的 54 项被推迟,导致核动力航空母舰和潜艇损失 4 720 个作战日。2016 财年,普吉特海湾海军船厂执行了将近 230 万人的工作量,雇用了 12 340 名员工。普吉特海湾海军船厂的绩效如图 3-16 所示。

图 3-15　普吉特海湾海军船厂

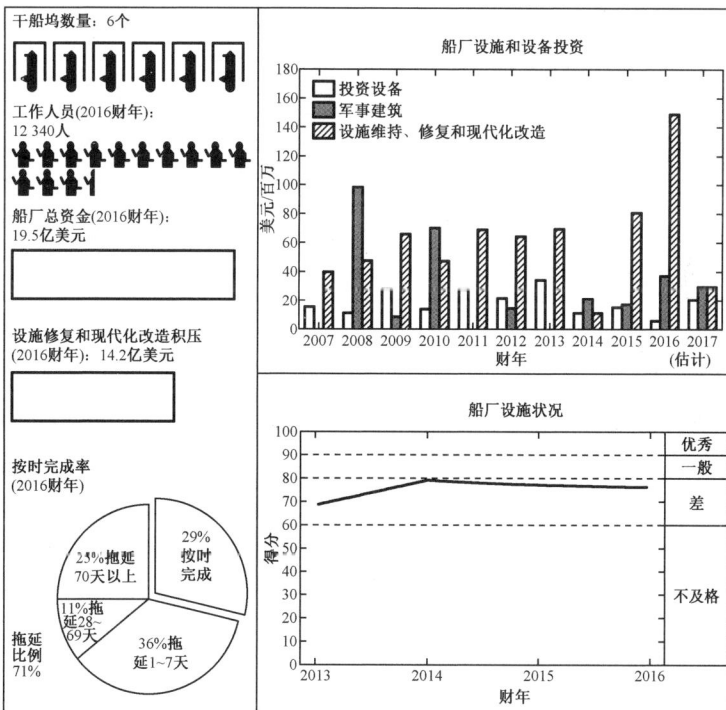

图 3-16　普吉特海湾海军船厂的绩效

4. 珍珠港海军船厂

珍珠港海军船厂是夏威夷海军水面舰船和潜艇的一站式区域维修中心。其主要任务是为美国太平洋舰队的水面舰船和潜艇提供基地级和中继级区域维修。该船厂在战略上位于太平洋中部,是西海岸和远东地区之间最大的美海军舰船维修机构,相较于西海岸基地而言,更接近于东亚地区。珍珠港海军船厂为整个地区的行动提供运行支持、舰船技术评估、校准、潜水储物柜、危险品管理和有害废弃物处理、密码学设备维修、石油与化学分析,以及自然灾害和应急响应。该船厂还为美及其盟友军官与海员提供船厂管理和装备维修训练。珍珠港海军船厂如图 3-17 所示。

图 3-17 珍珠港海军船厂

珍珠港海军船厂不仅是美最西边的海军船厂,还与美海军最大的潜艇舰队部署区域位于同一地点。该船厂是所有夏威夷美海军维修机构的全服务区域维修中心,是关岛潜艇的母港,同时还是从夏威夷到亚洲西南地区快速紧急维修的保障机构。2000—2016 财年,珍珠港海军船厂 57 项维修任务中的 49 项被推迟,导致核动力潜艇损失 4 128 个作战日。2016 财年,珍珠港海军船厂执行了将近 75 万个人工的工作量,雇用了超过 5 000 名员工①。珍珠港海军船厂的绩效如图 3-18 所示。

3.2.3.2 私营船厂

美国私营造船厂是其舰船制造和维修的重要力量,其为美海军提供舰船建造、维修、改建,以及预制舰船和驳船部件的生产等专业服务。根据美国政府问责局统计,美海军一直是美国修船业的最大客户。美海军正通过签订《舰船维修协

---

① 来源:海军海上系统司令部,2014—2016 财年。

议》和《船舰维修总协议》的供应商名单来扩大私营船厂的经营范围,补充舰船装备的基地级维修力量。《船舰维修总协议》会确认"具备可以保证圆满完成对海军舰船的维修工作的技术和设施特征"的供应商。《舰船维修协议》会确认"具有规划和控制舰船/舰艇维修工作管理能力"的供应商。《舰船维修协议》持有者必须拥有完成《船舰维修总协议》规定工作范围所需的管理能力、生产能力、机构和设施[①]。据研究,在全美范围内有 24 个私营船厂,保障美海军的私营船厂有 15 个。

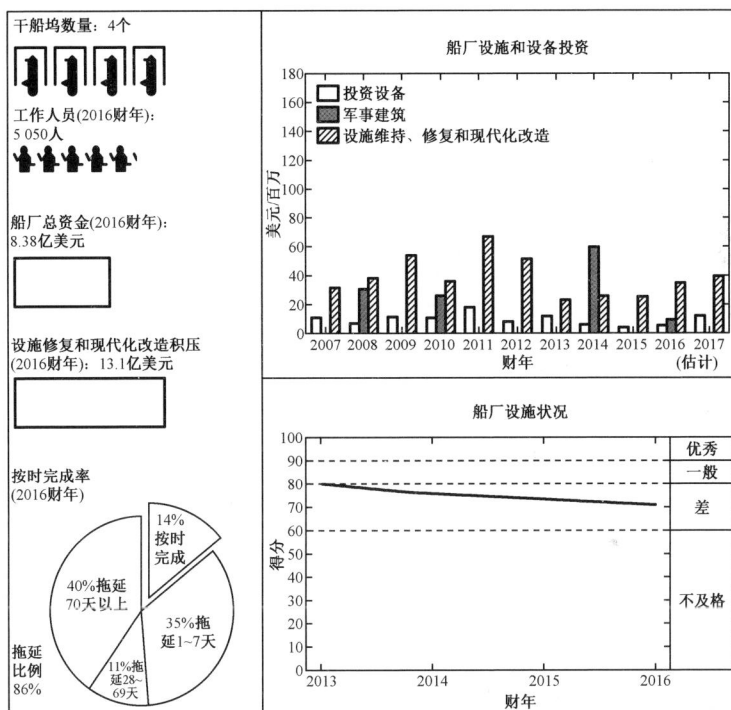

图 3-18　珍珠港海军船厂的绩效

通用动力公司拥有并运营着 4 个保障美海军舰船的船厂,分别位于华盛顿州布雷默顿、加利福尼亚州圣迭戈、弗吉尼亚州诺福克和佛罗里达州杰克逊维尔。BAE 系统公司也拥有并运营着 4 个保障美海军舰船的船厂,分别位于夏威夷州火奴鲁鲁、加利福尼亚州圣迭戈、佛罗里达州杰克逊维尔和弗吉尼亚州纽波特纽斯。BAE 系统公司的船厂是夏威夷州唯一的私营船厂。太平洋舰船维修和制造公司拥有 2 个船厂,分别位于华盛顿州布雷默顿和加利福尼亚州圣迭戈。在太平洋西北部地区,维戈尔工业公司在西雅图设有 1 个船厂。圣迭戈还有一家大陆海事公

---

①　参见 CNRMC4280.1 海军区域维修中心司令指令,2015 年,第 4 页。

司,是亨廷顿英格尔斯工业公司旗下的子公司。

3.2.3.3 基地级机群战备中心

基地级机群战备中心负责航空装备的基地级维修保障。美海军指定东部机群战备中心、东南机群战备中心和西南机群战备中心负责海军航空装备、海事飞机与相关航空系统及设备的基地级维修保障任务。以上3个机群战备中心的具体职责和主要维修的装备类型见表3-3。

表3-3　东部、东南、西南机群战备中心具体职责和主要维修的装备类型

机群战备中心		具体职责	主要维修的装备类型/型号/系列
东部机群战备中心		负责维修美海军和海军陆战队的飞机、喷气与涡扇发动机、辅助动力装置、螺旋桨推进系统及相关部件	AH-1、CH-53E、MH-53E、UH-1Y、AV-8B、EA-6B、F/A-18A、F/A-18C、F/A-18D、MV-22和各种发动机及附件
东南机群战备中心		负责美海军和海军陆战队的飞机平台、发动机、武器系统及相关部件	MH-60R、MH-60S、C-2A、E-2C、E-2D、EA-6B、P-3、F/A-18 A-F、T-6、T-34、T-44和各种发动机及附件
西南机群战备中心		负责维修美海军和海军陆战队的固定与倾转旋翼机机体、螺旋桨推进系统、航电设备、指挥控制类装备及相关部件	AH-1、CH-53E、HH-60、MH-60、UH-1Y、C-2A、E-2C、E-2D、EA-18G、F/A-18A-F和各种发动机及附件

3.2.3.4　软件维护机构

软件维护机构执行装备软件的基地级维修任务,具体包括对武器系统或保障设备的运行软件进行修复、适应性变更或升级,以及软件集成和测试。根据《美国防部维修情况手册》,美军基地级软件维护机构共有 21 个①,其中,陆军 6 个,海军12 个,空军 3 个。

美海军基地级软件维护机构如下。

- 海军空战中心武器中国湖分部,地址:加利福尼亚州中国湖。
- 海军空战中心武器穆古岬分部,地址:加利福尼亚州穆古岬。
- 海军空战中心飞机分部,地址:马里兰州。
- 海军空战中心训练系统分部,地址:佛罗里达州。
- 海军水面作战中心克兰分部,地址:印第安纳州。
- 海军水面作战中心科罗纳分部,地址:加利福尼亚州。
- 海军水面作战中心达尔格伦分部,地址:弗吉尼亚州。
- 海军水面作战中心巴拿马分部,地址:佛罗里达州。
- 海军水下作战中心纽波特分部,地址:罗得岛州。
- 海军水下作战中心基波特分部,地址:华盛顿州。
- 海军信息战系统司令部系统中心太平洋分部,地址:加利福尼亚州。
- 海军信息战系统司令部系统中心大西洋分部,地址:南卡罗来纳州。

3.3　美海军装备维修保障力量的主要特点

通过梳理美海军舰船装备和航空装备的保障力量架构及其装备维修保障力量的具体组成,可发现美海军装备维修保障力量以下主要特点。

3.3.1　职责明确,充分发挥建制保障力量的主体作用

美海军依托部队体制编制建立了完善的装备维修管理体系和执行体系,规定了从最高管理者到装备的使用者各级人员职责,明确了三级维修体制及各级维修层级的具体维修任务。美海军特别重视基层级维修,认为舰员既是舰船装备的使用者,又是舰船装备的维修者。舰船部队直接参加维修,这对于平时保持舰船战备完好性、战时保持舰船生存性,并延长其寿命具有十分重要的意义。特别是在战时,一旦危及舰船的安全时,只有舰员才能做到最及时的抢修。因此,美海军在

---

① 参见 Office of the Assistant Secretary of Defense(Logistics and Materel Readiness), DOD Maintenance 2016 fact book,2016 年 11 月。

有关指令性文件中明确规定,维修应安排在切合实际的、所允许的最低维修等级上完成。也就是说,凡是舰员能够维修的装备,都应该安排在基层级维修。为此,美海军为不同舰种、不同级别的舰船分别制定了舰船维修与器材管理系统,对舰员的维修职责、维修程序和方法、维修器材保障等都做出了明确的规定,强调舰员必须按照规定的职责和程序方法完成维修任务。

3.3.2 公私合营,积极利用民间保障力量

美国执行公私合作政策,在舰船装备维修保障力量体系建设中积极利用民间保障力量。美国在海军舰船基地级维修中,其私营船厂至少占有40%以上的份额,像纽波特纽斯船厂是美国制造航空母舰的私营船厂,参与美海军所有航空母舰的维修保障工作。美海军民间雇员,从2019财年的19万人到2022财年的20多万人,参与保障工作覆盖多个专业领域:舰船维修、安全安保、情报分析、舰队战斗后勤支持、网络与信息战、武器系统等。比如,美海军全球部署和海外装备维修保障,在很大程度上是建立在盟国合作和国际商业模式基础上的。盟国的港口、基地、修造船厂是美国全球基地网络的一部分,国际商业物流、海运、空运网络也是美海军后勤与装备保障体系的重要依托。在伊拉克战争中,为实施航空母舰编队的维修保障,美军在中东地区特别是在沙特阿拉伯雇用了大量当地的技术人员。他们在器材投送、装备检修等方面发挥了重要作用。美海军装备维修保障的实践证明,通过公私合作的方式实施舰船、航空等装备保障,可在有效资源情况下保障装备维修效益最大化。

3.3.3 优化配置,海上和岸上保障力量相结合

美海军对装备维修保障力量进行了优化管理,强调海上保障力量和岸上保障力量相结合的全方位保障方式,不仅十分重视岸上装备维修保障力量建设,而且非常重视海上装备维修保障力量建设。比如,诺福克海军船厂就拥有5座干船坞和1座浮船坞,所配备的检测设备、加工设备等达到世界较高水平,具有对核潜艇、航空母舰、驱逐舰及两栖舰等的维修能力。与此同时,美军还大力加强海上机动抢修力量的建设,建造了大型供应舰(维修船)、浮船坞和较强的水下维修力量。在装备保障管理上,美海军军港和码头已经全部实现了计算机管理,码头装卸各种物资都实现了条码化、冷链化,补给和统计工作效率提高了几十倍。美海军加强装备维修保障建设,优化装备维修保障力量配置,是其装备维修保障效益提高的重要途径。

第4章　美海军装备维修保障的运作及人才培养

建设美海军装备维修保障力量,实施现代化作业体系,以保持和恢复美海军武器装备的良好战技性能。美海军维修组织需要预测、分析、适应和调整可用资源,保障维修体系的顺利运行,及时地支持作战行动。经过多年探索,美海军在保障维修作业体系、器材保障、人员培养等方面进行了实践探索,建立了较为完备的装备维修保障运作体系。研究美海军装备维修保障实践,揭示美海军装备维修保障规律,可供我海军借鉴,以提高我海军装备维修保障水平。

4.1　美海军装备维修作业体系及运行

美海军装备维修作业体系是以具体的装备维修细节过程为基础的,需从其上层的装备维修运营角度开展研究。以下分别从美海军当前的装备维修作业体系和具体运行情况进行分析。

4.1.1　海军装备维修作业体系

实施装备维修最重要的是划分维修级别。美海军装备维修作业模式,受诸多因素的影响和制约,尤其是装备编配类型、装备维修保障需求和维修作业时空条件不同,呈现出不尽相同的表现形式。其形成了以基层级、中继级以及基地级三级维修作业任务区分下的主体作业与从属作业两种装备维修模式。

4.1.1.1　主体作业模式

三级维修作业模式是美海军装备维修作业的主体作业模式,指从低到高的基层级维修、中继级维修和基地级维修三级。基层级维修是指由舰船领导组织的,舰船操作人员或维修人员在舰船使用过程中实施的,为保障舰船装备运行而进行的日常保养性质的修复性和预防性维修。

美海军基层级维修在舰上进行,按照舰船维修与器材管理系统中计划维修系统规定内容、方法和步骤进行,在各舰种、舰级之间差别较大,维修设施和设备的配置也不尽相同。美海军舰船维修与器材管理系统的实施不仅有一系列规范化的程序,而且管理的手段先进,方法科学。

美海军中继级维修是由指定的海上或岸基维修机构,如海上机动维修分队和岸基维修站具体实施的,主要是定期对舰船进行难度较大的中修,或更换大型部件,以及为舰船提供直接维修保障的所有维修。美海军中继级维修机构分为岸基和海上两个部分。岸基中继级维修机构主要由美海军各舰队下属的岸基中继级维修机构、潜艇维修机构组成,承担中、小型舰船或单项装备的大修任务。海上中继级维修机构主要利用维修(供应)船、浮船坞、航空母舰上飞机中继级维修部门等跟随作战舰船在海上进行机动部署,负责部署区内舰船的器材供应和维修保障。

美海军基地级维修机构是指主要由美海军船厂和舰船维修机构负责实施,超出基层级维修和中继级维修能力的最高级维修。美海军舰船的基地级维修船厂,主要指拥有美海军船厂和持有《舰船维修主协议》和《舰船维修协议》的私营船厂,主要维修任务是进行舰船的大修、换装和改装。美海军基地级维修机构可以利用非政府的维修资源,将部分维修任务承包给私营船厂,促进国防部基地级机构与私营船厂之间的竞争,提高维修绩效,但美海军必须保持基地级维修的核心能力。

4.1.1.2 从属作业模式

从属作业模式是指两级维修作业,即取消中继级维修,只保留基层级维修和基地级维修的两级维修作业模式。在美军推进军事转型中,美海军装备维修作业模式曾作为一个重要方面进行转型,核心是把三级维修作业模式转变为两级维修作业模式。主要理由是,认为三级维修体制过多依赖后勤系统,而未来作战环境可能是非连接性的作战地区,交通线长而且经常没有安全保障,需要自身提供保障。此外,保持中继级维修保障能力所需费用极为昂贵。但是,在 2011 年美国国防部维修年会上,美海军又提出"重新构建水面(舰船)中继级维修"①,对两级维修作业模式转型探索做了一个重大修正,明确美海军舰船装备仍然坚持按照三级维修作业模式运行。实际上,美海军舰船维修分岸基维修和海上维修。岸基维修分为三级:基层级维修、中继级维修和基地级维修;海上维修分为两级:基层级维修和中继级维修。

当前,美海军航空装备维修保障最具权威和支柱性法规《海军航空维修大纲》的制定基础依然是三级维修体系。这种等级维修的划分是由《海军航空维修大纲》工作委员会根据维修的复杂性、深度、范围和执行工作范围确定的。

4.1.2 装备维修作业体系的运作

依托装备维修作业体系和层级分明的装备维修保障力量,美海军建立了装备

---

① 参见 2011 Department of Defense Maintenance Symposium & Exhibition, November 14 - 17 2011, Texas USA。

维修的具体流程和运转机制。下面将对在现行体系下的舰船装备和航空装备的维修作业体系进行介绍。

4.1.2.1　舰船装备维修运作

舰船装备的正常维修运作主要依据美海军构建的舰船维修计划,主要目的是在尽可能短的时间内以最低的成本完成维修工作。为此,必须制订维修计划和程序。

维修计划如何制订和实施,主要分为以下几步。

(1)确定问题。

(2)建立条款。

(3)提出解决方案。

(4)评估解决方案。

(5)实施方案。

(6)评估有效性。

(7)求解。

而在为特定舰船制定维修程序时,需考虑以下几点。

(1)制造商提供的维修指南和规格。

(2)设备历史,包括故障、缺陷、损坏和补救措施。

(3)《国际安全管理规则》(international safety management,ISM)中提到的要求[①]。

(4)船龄。

(5)第三方检验。

(6)设备故障对舰船安全营运的影响。

(7)关键设备和系统。

(8)维修间隔。

综合考虑上述几点,制定系统的维修方法。

舰船维修运作过程的方法包括以下内容。

(1)建立维修间隔期。

(2)检查方法和频率。

(3)检查类型说明。

(4)使用的测量设备类型。

---

①　《国际安全管理规则》的全称为《国际舰船安全营运和防止污染管理规则》,是国际海事组织第十八届大会通过的,旨在提供舰船安全管理、安全营运和防止污染的国际标准。该规则自 1998 年 7 月 1 日起开始实施,2002 年 7 月 1 日起全面实施。

（5）建立适当的验收标准。

（6）将检查活动的责任分配给具有适当资格的人员。

（7）报告要求和机制的明确定义。

其中维修间隔是维修计划中最重要的方面,计划中确定的维修间隔期是根据以下因素确定的。

（1）制造商的建议和规范。

（2）预测性维修确定技术。

（3）舰船及其机械操作与维修工程师的实践经验。

（4）从例行检查的结果中获得的历史趋势,以及故障的性质和概率。

（5）设备的使用——连续、间歇、备用或紧急使用。

（6）实际操作限制。

（7）作为公约、管理制度和公司要求的一部分指定的内部指南。

（8）需要定期测试的安排。

（9）需要进行标准检查、设备测量校准以及各项性能测试。

此外,对于不同的装备维修类型,舰船装备维修运作也存在一定差异。

（1）预防性或定期维修系统。在这类系统中,维修是根据机器的运行时间（如4 000 小时、8 000 小时等）或按日期间隔（如6 个月、每年等）进行的。无论机器的状况如何,届时都需进行维修。更换的装备零件写在日程表上,就算其还能正常使用也要进行更换。

（2）纠正或故障维修。维修是在机器发生故障时进行的,一般来说,这不是一个合适的好方法,因为可能会出现紧急情况下需要使用机械的情况。唯一的优点是机械零件可以使用到其整个使用寿命或直到损坏。但该系统可能会耗费,因为在故障期间其他几个部件也可能会损坏。

（3）基于状态的维修。这需要定期（近于实时的）检查机械零件,其是在传感器的帮助下,实时了解机器的状况并进行相应的维修。维修该系统需要经验和相关知识,因为错误的维修可能会损坏机器并导致昂贵的维修费用。

4.1.2.2 航空装备维修运作

美海军航空装备维修运作以基地级维修为基础,基地级维修支持中继级维修与基层级维修。基地级维修可以被理解为一个广泛的、物资密集型组织过程。经过培训并且业务熟练的维修工和技术人员通过国有或私营维修设施,来评估装备结构完整性、部件操作限制以及工程缺陷等。这项工作可以在一个固定的基地级维修设施中完成,也可以在作战地点或作战地点周围工作的现场来完成。基地级维修流程如图 4-1 所示。

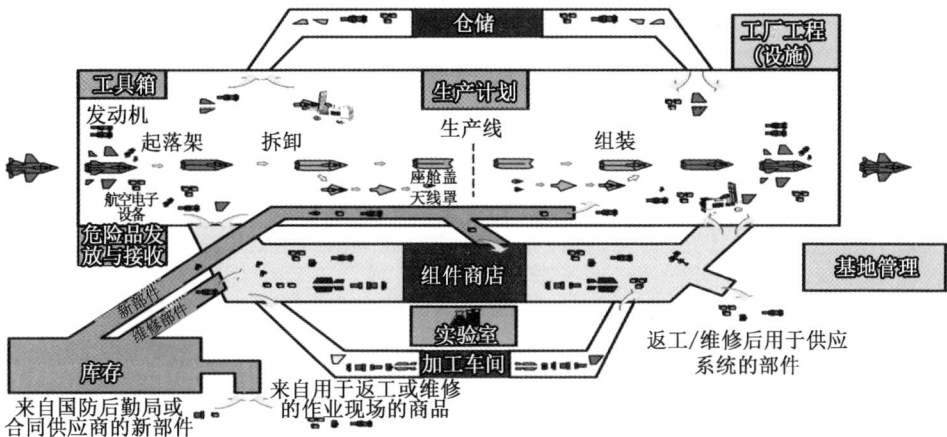

图 4-1　基地级维修流程

图 4-1 反映了基地级维修的范围和流程。通过拆卸飞机进入基地级维修,跟踪所有结构和部件的维修路径,以及其重新组装直至恢复使用。最广泛的基地级维修工作主要在武器系统(即飞机)上进行,通常包括拆卸、检查组件和子组件,以及重新组装。在拆卸过程中,要彻底检查武器系统是否有腐蚀和结构异常。腐蚀控制和结构修复是基地级维修的重要任务,因为大量的旧武器系统已经长期暴露在腐蚀和恶劣的环境下。目前的军事部署又加剧了这一问题,导致美海军在基地级维修过程中必须集中开展腐蚀管理。武器系统拆卸后,主要装配部件,如发动机(或其他组件),可以被移除并移动到基地内的各个车间以进行特定类型的维修作业,其他系统可以被运到其各自的维修车间。基地级维修人员在下一次预定的基地检修前更换磨损或预计将损坏的部件,主要部件从现场运回以进行重修和返厂。基地级维修的另一个阶段是拆卸和维修子组件与部件,如发动机叶片,这些部件要通过各个维修点来维修或更换零件,然后被送回武器系统部门,最终重新组装。

总之,基地级维修涉及设备的检修和组装。它使用工业型生产线,需要复杂的技能和测试设备,主要由国有或私营船厂的技术人员在固定设施中进行。2020年,美海军希望通过海军舰队基础设施优化计划(fleet infrastructure optimization plan,FIOP),制定一项为期 10 年的总体规划,以便为航空基地提供飞机、发动机、部件和支持设备的维修与升级改造能力。2020 年 6 月,美国政府问责局报告称,对总体维修数据的分析显示,2014—2019 财年的 6 年中,美海军基地每年都拖延完成固定翼飞机维修,按时或提前完成维修的百分比为 45%~63%。近年来,所有军种的军用飞机都在努力满足能执行任务率指标,但结果不尽如人意。例如,美海军的 F/A-18"超级大黄蜂"在 2011—2019 财年的任何一年都没有达到其能执行任务率指标。调查人员发现,导致能执行任务率指标低下的原因包括基地维修延误、训练有素的维修人员短缺、零件过时、零件短缺和延误等。

4.2 美海军装备维修器材保障

装备维修器材保障是指组织实施装备维修器材采购、储存、供应等一系列的活动总称,是提高装备完好率的重要保证。美海军建立了相对完善的装备维修器材的采购、储存以及供应制度,总器材种类已超过 200 万种,可满足从美国本土到海外军事基地,再到舰船部队的全部需要。

4.2.1 器材采购

美海军装备维修器材采购是根据器材资源的供应渠道,直接由市场购买器材,以满足用户器材需求的活动。美海军为装备维修器材的采购标准和采购方式进行了规定,以确保器材采购的顺利进行。

4.2.1.1 器材采购标准

装备维修器材采购标准,在海军供应系统司令部指示 4200.99(系列)《海军部商业采购运营管理政策和程序》和海军部电子商务运作办公室指示 4200.1(系列)中均有明确指示与规定。主要包括如下标准。

1. 标准之一,舰船申请器材采购的标准

当出现以下情况时,可以从公开市场购买补给品或服务来满足需求。

(1)对被批准的补给品或服务有迫切和紧急需求。

(2)当地供应保障机构没有所需的补给品或服务。

(3)时间紧急,且计划行动不允许通过美海军的岸上采购机构进行采购。

(4)舰上高级军官(senior officer present afloat,SOPA)规定了其他关于海上采购的限制,特别是在外国港口时。

(5)供应部门的补充足以处理额外的工作量,而不会造成负面影响。

(6)供应军官十分熟悉舰船停泊地附近的当地市场等。

当出现上述情况时,可以按照被批准的小额采购方式来完成所有交易,以便立即交付所采购的器材。

2. 标准之二,小额采购标准

小额采购标准,即从商业渠道购买的不超过 25 000 美元的补给品或非个人服务。超过 25 000 美元的公开市场需求器材,必须按照正式的签约程序进行采购。只有当强制性政府补给来源无法提供所需器材和服务时,才可以使用小额采购或其他简化的采购程序来进行公开市场采购。美海军规定的允许海军采办人员采用的法定补给来源,根据优先级,补给品按机构库存、其他机构的过量库存、联邦监狱产业公司（Federal Prison Industries, FPI/UNICOR）①、国家盲人行业协会（National Industry for the Blind, NIB）/国家重残行业协会（Severely Disabled, NISH）、批发补给来源、强制性联邦供应计划（federal supply schedules, FSS）、可选择使用的联邦供应计划、商业来源（包括教育性和非营利性机构）等进行排序。

3. 标准之三，规定装备维修器材保障采购人员的要求

规定装备维修器材保障采购人员应符合以下条件。

（1）具有公信力，对政府尽职尽责，而且不让自己处于可能造成利益冲突或被怀疑境地的思想和能力。

（2）避免接受酬金或好处，或参与任何涉及财务利益或影响公正的事务。

（3）不能向某些供应商提供与计划中采购行动相关的信息，除非这类信息可以向所有具有竞争关系的供应商公开。

4.2.1.2　器材采购方式

根据采购器材的金额大小，器材采购方式主要分为两种：采购卡方式和额外采购方式。

1. 采购卡方式

采购卡用于采购单价不高于 3 000 美元的补给品以及单次不高于 2 500 美元的器材保障服务。使用采购卡进行器材采购的流程如下。

（1）用户单位提交器材采购申请，包括各种标准申请、海军审计长表格"签约采购申请"或国防部表格"军事部门间采购申请"。

（2）相关人员接收采购申请，记录具体的接收日期，进行初审，包括批准签名、会计信息、优先等级代号和规定交付日期、许可批准，以及附属的工作说明、技术规范、图纸或设计蓝图。

（3）采办人员或后勤专业军士负责采购申请终审，如果一份小额采购申请被认定理由不充分，就要返回给提出者进行修改或取消。要求采购申请提供的信息数据要充足，至少具有几个共同要素，这些要素包括但不限于文件编号；详细的采购说明；数量和发放单位；交付信息；特殊要求；价格预估；资金；补给来源等。

（4）采购资金支付，由资金持有人批准，如舰船供应军官、审计长和部门领导，按海军供应系统司令部资金支付机制运行。

为了防止出现违反采购规定标准，使用采购卡方式采购时通常采取以下措施。

---

① 联邦监狱产业公司为联邦政府所有，产品商标为"Unicor"，其于 1934 年成立，主要职能是为联邦监狱局囚犯提供有偿就业，并为因犯提供一定的技能培训，生产的产品和服务主要供联邦政府使用，与私营企业竞争较小。

（1）未经区域签约管理办公室的批准,单项公开市场采购行动不应超过相应机构的签字权限。

（2）禁止为避开资金限额将一个采购需求分割成多个单独的采购活动。

（3）同一个人不得同时履行提出需求、执行采购行动和接收器材的职能,如果确实无法避开这三种职能由同一个人履行时,至少也要做到一个人不应同时履行授予采购行动和接收器材的职能。

2. 额外采购方式

额外采购方式用于高于政府采购卡(government purchase card,GPC)阈值的器材或服务采购。同采购卡方式相同,额外采购也需要提交申请,常用的申请表格为标准表格"采购订单/发票/收据"。提交申请后,签约办公室根据申请可在采购时额外购买器材或服务。"采购订单/发票/收据"是一种多用途表格,既可作为采购订单、接收报告,也可作为采购发票和公共收据。

标准表格的使用条件如下。

（1）采购量不超过最小采购阈值;由海军航空人员购买的航空燃油和油料;为了保障《美国法典》第10卷"武装力量"第101(a)(13)条款规定的紧急行动或第2302(7)条款规定的人道主义或维和行动,由签约官进行的海外交易和保障第12333号行政命令[①](executive order,EXORD)第2.7部分所述的情报与其他专业机构的交易,且这些交易都没有超过简化采办阈值[②](simplified acquisition threshold,SAT)。

（2）补给品或服务可以立即启用。

（3）可以确定使用标准表格"采购订单/发票/收据"比使用其他的简化采办程序(simplified acquisition procedure,SAP)更经济和高效。

4.2.2　器材储存

装备维修器材储存,是指在储藏室、仓库、大棚或露天区域保存或放置器材的活动。现代海上作战装备器材消耗量比过去大大增加,为了保障海上作战装备器材的需要,各级对装备器材都有适度的储存。

4.2.2.1　岸上器材的储存

美海军的岸上储存装备维修器材的设施,是按照美国国防部的储存设施通用标准要求建设的,既满足平时训练的需要,又适应未来战争的要求;既具有经济上

---

① 行政命令是由美国总统作为联邦最高行政首长对联邦所属各机构发布的具有法律效力的指示,是总统执行法律、形成和推行自己政策的重要手段。

② 简化采办阈值通常为100 000美元,除了用于采办机构领导规定的补给品或服务外,也用于保障紧急行动,或者用于抵抗核生化与放射性攻击或相关的抢救行动。

的合理性,也便于及时发挥器材的效能;既着眼在空间上进行科学合理的配置,又着眼器材储存时间上的长短;既考虑品种数量的结构,又考虑器材生产单一化与消费多样化的差异。从器材储存设施隐蔽程度上,具体可分为遮盖式储存场所和露天储存场所两种场所。

1. 遮盖式储存场所

遮盖式储存场所是指带有屋顶结构的储存场所,这种场所包括多种结构类型,如通用仓库、冷藏仓库、易燃品储存仓库和中转货棚。

2. 露天储存场所

露天储存场所是指用于储存器材的经改良或未改良的露天场所。改良过的露天储存场所包括升级后的场所或区域,以及表面有混凝土、柏油或沥青、砾石或其他合适的顶部覆盖物质的区域。美海军在这类场所存放某些不易受到极端天气损坏的器材。未经改良的露天储存场所是没有地表覆盖物的露天储存区域。这类储存场所的主要缺点是会限制器材搬运设备的使用。

对于岸上器材储存,要明确管理人员和机构的职责,供应军官是器材储存、安全和器材控制的主要负责人,当其不在场时,可以指派储存场所的管理人员代其行使职能。各级供应军官和储存场所管理人员,要做好岸上器材储存场所的所有装备器材和相关补给品出入信息记录,维护更新储存的装备器材状态信息。对非供应部门协助储存的装备器材,比如,维修辅助模块和初始备件位于适当的操作与维修场所中的,要明确由操作或维修人员协助保管。

4.2.2.2 海上器材的储存

美海军器材在海上的储存,是为了维修器材的及时供应,满足舰船对器材的需要。通常情况按照统一规划、分级储存的原则,并根据美海军担负的军事行动任务,以及所处位置、范围和发挥的作用不同,将装备器材储存区分为保障舰船储存和作战舰船储存两种。

1. 保障舰船储存

保障舰船储存是指由后勤补给船和维修供应船的器材储存。后勤补给船是支援舰船中数量最多的船种,按补给任务,分为综合补给船和专用补给船两大类,专门用于对海上活动的作战舰船进行补给,可装载装备器材、维修零部件等。船上设双层底和大货舱,有的采用多层甲板,使干货物资分层存放。补给船可以长时间在海上航行,自持力一般在 30 昼夜以上。维修供应船是对海上舰船进行维修和器材供应的专门舰船,有综合性的也有专门维修供应船,都设有专门的维修供应器材储藏室。比如,美国"黄石"级维修供应船可储存 6 万多种维修部件和器材,可同时为 6 艘舰船提供服务;"兰德"级潜艇供应船设有 53 个维修车间和各种器材备件储藏室,可同时为 4 艘潜艇服务。

2. 作战舰船储存

作战舰船储存是指作战舰船上随舰携带的器材储存,直接用于保障本舰维修器材需求。例如,航空母舰携带的器材储存分为两个场所:一个是库存处的场所,专门储存舰船上的专用器材;另一个是航空库存处的场所,用来储存航空器材。库房是供应军官指定的器材储存、发放的主要场所,作为通用库存处的中央分配站。库房密封好,利用率高,一般具有人工或自动定位系统,负责所有储存器材的收据和消耗器材文件。散装器材库房,用于存放批量小型器材和重型散装器材。维修用零部件库房,是储藏所有维修用零部件的场所。可燃液体库房通常位于舰船的两端,满载水线①以下的位置。该库房必须尽可能远离军火库,且必须安装火灾自动报警系统②及灭火设备。

海上器材储存要求舰船装载牢固、合理布局、利于维修,具体要做到如下几点。

(1)确保最大限度地利用空间。

(2)有序地装载,摆放牢固和利于通行。

(3)防止损坏舰船或导致人员受伤。

(4)降低器材受损或毁坏的概率。

(5)释放库存空间,确保最先发放最久的库存,即"用旧存新"。

(6)让盘存更容易。

(7)库房在不使用时必须牢牢锁住。当储存场所被打开使用时,必须有一名授权人员在场,其他人员只有在需要装载牢固和拆开器材时或在紧急情况下,才能进入器材储存场所。

4.2.3　器材供应

装备器材供应,是指装备器材部门按照上级指令或保障规定向部队实施装备器材保障的过程,也是及时、准确、配套地向部队提供器材的活动。通过装备器材保障供应活动,把装备器材转移到用户手中,从而实现装备器材的使用价值。

4.2.3.1　逐级实施器材供应

逐级实施器材供应,是指按供应关系自上而下逐级实施的器材供应。通常是部队先进行器材申请,填报申请表格,供应部门收到器材申请时,可以直接发放器

---

① 满载水线(full load waterline)指舰船在满载状态自由正浮于静水中时,船体型表面与水面的交线,即对应于满载排水量的水线。

② 火灾自动报警系统(automatic fire alarm)是指在火灾初期,将燃烧产生的烟雾、热量和光辐射等物理量通过感温、感烟与感光等火灾探测器变成电信号,传输到火灾报警控制器,并同时显示出火灾发生的部位,记录火灾发生的时间。

材,或者将申请提交给相应的库房控制站,按照装备器材申请文件,直接发放武器系统的保障器材。在发放器材时,申请单位需要在发放文件上签名和准确填写接收日期,并留存一份文件副本作为已完成申请的记录凭证。交付人员要将具有签名的发放文件副本提交给库房控制站或供应响应小队,作为器材交付凭证。安装有自动化系统的机构可以通过关联供应(relational supply,R-Supply)系统、海军航空后勤指挥管理信息系统(naval aviation logistics command management information system,NALCOMIS)和下一代基层级维修管理系统(organizational maintenance management system-next generation,OMMS-NG)等在线提交器材需求。除了在线提交需求外,还有人工处理方式,即离线处理。在离线处理程序中,用户使用经批准的表格向供应响应小队或用户服务机构提交申请。供应人员可以使用自动化系统处理收到的离线申请,如果有必要,也可以进行人工处理。

4.2.3.2　器材实物调剂供应

器材实物调剂供应,是指舰队或舰船之间通过装备器材移交的形式,满足部队装备器材需求。器材移交是美海军器材供应的一种重要形式。可移交的器材包括消耗性器材、维修用零部件、舰船商店库存品和给养品。在移交器材前,供应军官应确保使用这类器材的本部门不再需要这些器材。供应军官不在位时,供应机构或司令部值班军官可以批准进行器材移交。只有在收到经批准的官方申请文件后,才可以进行器材移交。官方申请文件形式可以是申请书、信件或电文。舰船向岸上机构卸载过量器材时,不需要提交申请文件,但需要经过供应军官批准才可以向岸上机构移交过量器材。在同兵种司令部之间进行的海军库存器材移交均是无偿交易,在不同兵种司令部之间进行的器材移交是有偿交易,两种器材移交方式都应在总结文件中说明交易价值。无论是同兵种还是不同兵种舰船间的交易,都不会影响移交器材舰船的定额维修费。但是,移交器材的舰船可以根据器材交易的价值,向兵种司令部申请增加舰船维修费定额。拨款购买器材的移交是免费交易,这类移交不需要总结报告。舰船通常使用美国国防部表格"国防部单个册列器材申请系统文件(人工)"来处理器材移交业务。申请接收器材的舰船要准备该表格,并提交给移交器材的舰船,也可以使用其他方法提交申请。使用其他方法时,移交器材的舰船同样需要用此表格记录器材移交交易,而申请接收器材的舰船依照标准也要填写该表格。此外,还可以采用美国国防部表格"单个册列器材发放/接收表"作为移交文件。

4.2.3.3　自筹器材的经费供应

自筹器材的经费供应,是指上级按部队装备器材筹措的一定比例向部队供应经费,用于部队自筹器材,也就是由实物供应变成货币供应。比如,舰队后勤中心设有部队商店(service mart,SERVMART),专门负责高利用率和易耗器材的零售。

舰队基层单位无须预约就可从部队商店购买货币化的器材。海军供应系统司令部公告《海军供应程序》(NAVSUP P-485)对此有详细规定。

4.3 美海军装备维修保障人才培养体系

美海军装备维修保障人才培养体系是为满足美海军作战及其他军事行动对装备维修保障的需要,并围绕提高美海军官兵装备维修保障知识和技术技能水平而构成的若干要素相互依存、相互制约、相互促进的有机整体。装备维修保障人才培养是装备维修保障运作必不可少的环节。美海军装备维修保障训练,在长期的实践中建立了比较成熟的体系,积累了丰富的训练经验。

4.3.1 人才培养

美海军装备维修保障人才的培养主要依靠军队院校、训练机构以及地方院校。其中,军队训练机构,多以"中心"冠名,每个中心都有其使命定位,分别担负不同的培训任务,以提高装备维修保障人员的专业技术水平和能力。由于美海军装备维修保障人员的培训涉及的院校与训练机构较多,下面选取较典型的美海军院校与训练机构进行简要介绍。

4.3.1.1 美海军军官学校

美海军军官学校创办于1845年,位于美国马兰州首府安纳波利斯,因此又称安纳波利斯校,是美海军培养初级军官的一所重点学校,隶属美海军部。该校的主要任务是,通过对学员4年的培训,为海军舰船部队、海军航空兵部队和海军陆战队培养各种专业的初级军官。该校的主要职责如下。

(1)负责完成规定课程的培训。主要课程包括航海术入门、导航课、海军武器系统课、海军设备课、海军电子设备课、海军工程课、海军学术课、领导能力课和法律课等。

(2)负责完成海上实践性培训。学校从二年级起,开始组织学员进行暑期海上训练,参加各种舰上作业和值勤。

(3)负责完成学员体能培训。学校对学员体能培训设有专门的科目和考核标准,并直接与毕业任职挂钩,身体合格学员将任职海军舰船部队或海军陆战队部队作战军官,身体不合格学员将被分配担任行政、后勤或技术方面的军官。

美海军军官学校俯瞰图如图4-2所示。

图 4-2　美海军军官学校俯瞰图

4.3.1.2　海军航空技术训练中心

海军航空技术训练中心成立于 1913 年 10 月,位于美国佛罗里达州彭萨科拉。该中心的主要任务是,通过对学员正式培训和在职培训的模式,为海军航空兵培训飞行人员和装备维修保障人员等。该中心的主要职责如下。

(1)为航空培训制订计划等相关政策和优先事项,以满足航空机队需求。

(2)监督和指导航空培训,包括正式的技术"A"学校培训,即飞行员训练学校培训,制定航空培训资源需求规划,包括培训人力资源的规划。

(3)提出针对海军航空技术训练中心下辖的部队或陆战队部队的课程建立、取消和修订的申请、审批等。

(4)以海军航空技术训练顾问委员会名义,制订航空技术培训的长期战略计划。

(5)为军官和士兵提供航空武器系统及其相关设备的使用、维护与修理培训。课程包括特定设备和系统的使用、战术运用以及航空维修管理等,并提供讲座、计算机辅助教学、现场培训等多种培训方式。

海军航空技术训练中心如图 4-3 所示。

图 4-3　海军航空技术训练中心

4.3.1.3　海军航空军械人员培训中心

海军航空军械人员培训中心是一所专门培训职业航空军械人员的训练机构。该中心的主要任务是提升海军航空职业军械军官和高级军械专业士兵的职业水平。该中心的主要职责如下。

（1）负责完成航空、军械人员职业发展一级课程培训。该课程是海军航空军械人员上岗的必修课，主要针对新任海军航空军械军官和高级士兵（海军 E-7 至 E-9，海军陆战队 E-8 至 E-9，军事职业专业为 MOS 6591），内容包括海军弹药管理政策简介、已批准的弹药基本库存状态、弹药核算、军械管理、地空导弹、常规军械、飞机武器装备、军械保障设备、航炮、无人机系统等操作与维修，以及各类军械在海上和岸上的储存要求。

（2）负责完成航空军械人员职业发展培训二级课程培训。该课程主要针对中继级维修机构、舰队（机群）战备中心以及武器安全计划中涉及的所有海军航空军械人员。

（3）负责完成海军航空军械人员职业发展培训三级课程。该课程主要针对高级海军航空军械人员和准尉，主要负责不涉及核消耗性军械的管理、军械公平分配政策等方面的培训。

海军航空军械人员培训中心如图 4-4 所示。

图 4-4　海军航空军械人员培训中心

4.3.1.4　地方院校

除了美海军院校外，美国一些地方院校也面向美海军官兵提供与装备维修保障相关的培训，以提升官兵的专业知识和技能。地方院校的主要任务是，为完成美海军装备维修保障任务，培养美海军官兵的工程专业素质，以及知识和技能基础。美海军装备维修保障人才培养坚持走美海军院校与地方院校相结合的培训路线,充分发挥双方的积极性。例如,美海军与麻省理工学院合作,培养造船学、轮机工程专业方面的人才,专门开设夏季教学班、海军水面舰船设计 7 周强化班、海军舰艇维修保障班等课程;密歇根大学设置的海军水面舰船设计教学班,课程包括舰船设计、系统结构、系统工程、试验设备设计维护以及多学科设计优化等。

美海军学院与麻省理工学院合作培训如图 4-5 所示。

图 4-5　美海军学院与麻省理工学院合作培训

4.3.2　人员训练

建制单位海上维修训练,旨在提高作战部队的建制维修能力和自我保障能力,是海军作战部部长批准实施的维修保障训练,是提高作战能力的重要途径。美海军将其作为军事训练的重要组成部分。

4.3.2.1　训练目标

建制单位海上维修训练目标,受到训练对象实际工作岗位、层次及其专业类型等因素的制约。同一层次训练对象在负责不同的工作时,其训练目标也不完全相同,但训练的基本要求是一样的。参训人员必须了解自己的工作,了解自己对完成任务的贡献,努力改善工作流程,提升用最小成本获得最大效益的能力。与此同时,加强团队合作、持续沟通和互相包容,以促进形成部队整体作战的能力。其目标主要分为以下两个层次。

1. 部队层级的训练目标

建制部队通过训练需完成的目标:专业知识增加;舰队战备完好性提升;维修性能与质量提高;部队的部署能力的提高;部队的持续作战能力的提高;维修费用的降低;对动员、部署能力和应急行动的战备能力的加强;士气和超期服役能力的提升。

2.单个人员的训练目标

单个人员的训练目标主要是指美海军士兵专业能力的提升。单个人员通过训练需完成的目标:被分配到中继级和基地级维修机构的士兵,通过训练应获得"实践"经验并完成基于熟练程度的质量认证要求(job qualification requirements,JQR),以获得海军士兵(专业)分类资格;获得资格后,落实美海军海上维修训练战略的要求;通过美海军海上维修训练战略项目的实施,有资格的士兵可以通过联合军种军事见习项目(united services military apprenticeship program,USMAP)获得美国劳工部(Department of Labor,DoL)熟练工认证资格。

4.3.2.2 训练对象

建制单位海上维修训练对象,按训练目的划分,主要分为以下两大类。

1.建制单位

建制单位主要是指航空母舰、两栖舰、潜艇等装备舰上的维修分队;海军区域维修中心司令批准的其他海上单位;区域维修中心、海军船厂、中继级维修设施、三叉戟整修设施、海军潜艇保障设施(naval submarine support facility,NSSF)等。另外,也适用于未来将创建的、能够保障海军海上维修训练战略的海军士兵(专业)分类训练与认证的机构。

2.海军士兵

为充分利用训练资源,达到最高训练效果,通常受训的海军士官会经过层层筛选。筛选条件主要考虑以下几个方面。

(1)海军海上维修训练战略海上训练机构的长期在编海军士兵(三等兵~三级军士长),且具有海军海上维修训练战略海军士兵(专业)分类资格。

(2)满足维修与物资管理维修人员 301 人员认证标准、质量维修技工 301 人员认证标准和海军"C"学校培训标准的海军士兵。

(3)涉核装备和潜艇方面的合格海军士兵可以自愿参加海军海上维修训练战略项目。

(4)全天候保障(full time support,FTS)以及选定的预备役海军士兵可以参加海军海上维修训练战略项目。

(5)具有定向专业分类(distributed NEC,DNEC)的海军士兵,主要包括柴油机检查员(diesel engine inspector,DEI)、主燃气轮机检查员(master gas turbine inspector,MGTI)、蒸汽发生器检查员(steam generating plant inspector,SGPI)、无损检测员(non destructive testing,NDT)等。

4.3.2.3 训练要求

建制单位海上维修训练,是海军海上维修训练的实战化训练,要求建制单位贴近实战进行系统训练,严格按照海军海上维修训练战略项目的规定组织、管理、实施与执行,保持训战一致,满足实战需求。

1. 按照司令部的海军海上维修训练战略指令与指示组织训练

坚持用海军海上维修训练战略项目要求来规范各类人员、各个层次、各种专业装备维修训练的组织与管理,严格按照训练计划和程序组织实施装备维修训练,并依据训练标准进行各类人员的各项专业认证与验收。

2. 坚持有序推进海军海上维修训练

遵循海军海上维修训练战略项目规定的训练顺序、内容、步骤,根据岗位特点,合理组织、循序渐进。及时与海军区域维修中心对接,并保障海军海上维修机构的训练组织,不断反馈学习效果,确保训练质量。

3. 创造近似实战的海上维修训练环境

海军海上维修训练机构要采取多种方法营造近似实战的训练环境。依照舰队海军海上维修训练战略的海军士兵(专业)分类要求,提供舰载系统与设备维修技能训练的真实环境,把装备维修训练与作战演练结合起来,提高遂行任务时的保障能力。2022年,美海军在加利福尼亚州文图拉海军基地首次举办了舰船维修技术演习,这是一次很好的实践(详见本书第6章第6.2节)。

4. 严格实施维修训练全程监管

根据各级组织领导维修训练的职责,以质量为尺度,严把维修训练全过程的各个阶段、各个环节、各项工作,对装备维修保障训练的计划、准备、实施、考评、登记统计和总结进行管理与控制,确保有效落实训练质量。

5. 充分利用各种训练和保障资源

各级指挥官、各类协调官都必须树立装备维修训练资源统建共享和优势互补的思想,广泛运用信息技术手段,协调各方面力量,拓宽渠道,科学配置和使用训练资源,包括社会资源,创造有利条件,提高维修训练效益。

4.3.3　人员训练成长路径

美海军装备维修保障人员主要分为维修士兵和维修军官。下面将分别对维修士兵和维修军官的训练成长路径进行介绍。

4.3.3.1　维修士兵训练成长路径

美海军士兵训练是装备维修保障训练的主体。美海军士兵按等级划分为1～9级,分别是三等兵、二等兵、一等兵、下士、中士、上士、三级军士长、二级军士长、一级军士长。美海军士兵经过训练,最终可以从三等兵晋级为一级军士长,主要是通过完成相应的训练课程培训,提高自身专业知识和管理技能,获得晋级。其基本路径如下。

1. 新兵训练

美海军的新兵训练,通常集中组织实施,承办单位是位于伊利诺伊州五大湖海军站的五大湖新兵训练司令部。该司令部依托的主要训练设施是"企业"号新兵营。"企业"号新兵营设有"停泊地"、教室、教学资源中心、厨房、"后甲板"等,可容纳16个新兵连队,每个新兵连队人数可达88名。

美海军新兵训练时间,通常为期8周,主要训练内容包括军事训练、基本的舰船驾驶知识学习、基本的舰上损管知识学习、M9手枪和"莫斯伯格"霰弹枪的使用训练、"催泪瓦斯室"训练、体育锻炼和海军生活基本要点的学习。此外,新兵还要参加许多主题课堂讲座,如机会均等、《统一军法典》、海军舰船和舰载机识别等。在新兵训练过程中,需要完成急救与安全、个人与公共卫生、健身与身体素质3门学分课程。

美海军新兵训练结束,经过专业技能分类的海军士兵,被送往美国各地的"A"级学校,接受专业培训;没有经过专业技能分类的海军士兵,被分配到舰队服役,通常做"航空兵""消防兵"或"水兵"。

2. 晋级训练

美海军士兵晋级,按晋升方法区分,主要分为两种:一种是按年限顺进;另一种是基本条件+考试考核。无论哪种晋级方法,都必须经过相应的专业训练,以及参考从业经历并考核,而且将其作为必要条件。

(1)第一种晋级方法,适应的对象是三等兵(E-1)向二等兵(E-2)、一等兵(E-3)的晋级。这种晋级方法,只要服役年限足够,其间没有出现较大失误,即可自然晋级,晋级的程序比较简单。因为,在这三个等级上的士兵,通常是进行细分专业,按部就班地晋级。

(2)第二种晋级方法,适应的对象是士官的晋级。此种晋级方法难度增加、挑战增大。因为,美国国会和美海军对于士官的数量有明确的限定,下士(E-4)及以上各级士官与岗位一一对应,只有高等级的士官出缺,或者增加了新岗位,其下各等级人员才有机会顺次递补。具体等级晋升程序条件如下。

①兵向士的晋级

兵向士的晋级主要是指一等兵向下士、下士向中士(E-5)、中士向上士(E-6)的晋级。从一等兵(E-3)向下士(E-4)开始,将变得较为严格与困难,候选者必须在满足一定基本资质条件的基础上,接受考试,并对平时表现进行审查等一系列考核,取得士官晋级综合得分(FMS)。然后,根据综合得分排序,排名靠前者晋级。

②士向长的晋级

士向长的晋级主要是指上士向三级军士长(E-7)的晋级。上士向三级军士长(E-7)的晋级难度进一步加大。除了基本资质条件、士官晋级综合得分排名,入选者还必须接受美海军士官晋级委员会的筛选,由委员会最终决定晋级者。三级军士长向二级军士长(E-8)、二级军士长向一级军士长(E-9)的晋级,不需计算士官晋级综合得分,满足基本资质条件的候选者直接由士官晋级委员会筛选决定晋级。晋级年限,根据 2006 年的统计,从加入美海军算起,士兵各次晋级的平均服役时间为下士 3.1 年、中士 5.2 年、上士 11.3 年、三级军士长 14.4 年、二级军士长 17.1 年、一级军士长 20.3 年。

4.3.3.2　维修军官训练成长路径

美海军军官的装备维修保障训练是美海军装备维修保障训练的关键,因为美海军装备维修保障贯彻的原则是全员保障,由此可见,装备维修保障训练可以说与所有军官都有关系。不仅如此,美海军军官的成长路径,即各类军官由低级向高级发展的路径,也是由训练来决定的,所以从某种意义上说,军官的成长路径,也是军官训练不断提高的路径。由于美海军军官类型多样,所以成长的路径也不完全相同。不过,从知识和技能角度看,有许多共同之处,值得研究和学习。

1. 军官类型划分

美海军军官分为四类:一类是无路线限制军官;二是有任职限制军官;三是事务军官;四是技术军官和准尉。

(1)无路线限制军官

无路线限制军官拥有不同平台的作战专长,具体包括水面作战、潜艇作战、特种作战、航空作战。航空母舰舰长、航空联队长和航空母舰编队司令均属于无路线限制军官。

(2)有任职限制军官

有任职限制军官在美海军中负责保障作战和培训,包括工程职务军官、航空工程职务军官、航空维修职务军官、密码军官、海军情报军官、公共事务军官、舰队保障军官以及气象/海洋军官。

(3)事务军官

事务军官都能找到相对应的职位。这类军官通常要接受地方院校的培训。事务军官的职务包括医生、牙医、医疗服务管理、律师、护士、补给军官、牧师和土木工程师等。

(4)技术军官和准尉

技术军官和准尉属于技术人才,主要为海军作战部队提供作战保障。这些军官所负责的内容包括轮机维修、弹药、电子、通信、核动力、数据处理、照相、密码、情报、气象海洋、军乐、爆炸物处理、安保、土木工程、法律、餐饮等。

2. 主要训练内容

如图 4-6 所示,美海军军官训练内容主要划分为四个模块:一是领导技能训练模块;二是主要作战/保障技能训练模块;三是附属专业学习模块;四是联合职务认证模块。

图 4-6 美海军军官主要训练内容

(1)领导技能训练

领导技能训练,贯穿美海军军官的整个职业生涯,既有在岗培训,也有课堂教育。在岗培训,在军官担任海上职位和岸上职位期间进行,培训很频繁。课程教育,是在岗培训的补充,穿插于军官不同任职时期,主要内容分为以下 3 类。

①第 1 类课程,重点培养正直、道义勇气、伦理行为和责任、行为准则、个人言行,以及美海军的核心价值观等,一般安排在军官征召期间。

②第 2 类课程,是领导技能系列课程。这些课程是一系列简短课程,为中队长、部门长、中小型舰船副艇长和舰长设计。课程重点是美海军核心价值观的实践。

③第 3 类课程,是中级和高级阶段的专业军事教育。海军军事学院、海军研究生院和其他军队院校负责安排本类课程,课程中融入领导能力、个性和道德规范的内容。

(2)主要作战/保障技能训练

主要作战/保障技能训练,无路线限制军官(航空、水面作战军官)、有任职限制军官、事务军官与技术军官和准尉在内的军官都要参加,但不同类型的军官的训练内容有所区别。

①无路线限制军官的作战/保障技能训练

以航空母舰上航空军官为例,阐述无路线限制军官的主要作战/保障技能训练。美国航空母舰上的航空军官有两类:一类是海军飞行员,另一类是海军飞行军官(flight officer)。航空军官可晋升为航空母舰舰长或航空联队指挥官。少尉进入飞行学校参加培训,并第一次加入舰队后备中队训练;中尉在少尉培训和训练基础上,还要加入飞行中队在海上服役(36 个月)的训练;上尉在中尉培训课程基础上,主要完成第一次加入飞行中队在海上服役(36 个月)、岸上任职(36 个月)、第二次加入飞行中队在海上服役(24 个月)的训练;少校在上尉训练课程基础上,主要完成第二次加入舰队后备中队训练、部门长任职(36 个月)、岸上任职(24 个月)的训练;中校在少校训练课程基础上,主要完成第三次加入舰队后备中队训练、担任飞行中队副中队长/中队长、参加高级军官的学院教育和在海军或联合参谋部担任参谋的训练;上校在中校训练课程基础上,主要完成获得重要指挥权(担任航空母舰舰长或舰载机联队指挥官)的训练等。

②有任职限制军官的作战/保障技能训练

有任职限制军官的培训路径,与无路线限制军官有很大的差别。有任职限制军官(工程职务军官、航空工程职务军官和公共事务军官)可以从无路线限制军官中转调过来,时机通常选在无路线限制军官担任了第 1 个或第 2 个海上职位之后,但气象/海洋学军官可以是同级转调过来,也可以直接任命。其他有任职限制军官大多由直接任命产生,但是仍保留有同级调动的政策。为了培养有任职限制军官的专业技能,每一类有任职限制军官都设定了研究生教育机会,同时使他们长期从事本专业的工作。与无路线限制军官不同,有任职限制军官的职业领域比较专一,不会从事脱离本专业的其他职务。有任职限制军官的领导技能培养系列课程与无路线限制军官类似。

③事务军官的作战/保障技能训练

事务军官也像有任职限制军官一样,在本专业任职。大多数军官直接从大学毕业生中征召,但是也有相关政策允许少部分通过外调进入。事务军官很强调专业技能,这是征召这类军官的必备要求。熟练掌握专业技能也是晋级的必要条件。

④技术军官和准尉的作战/保障技能训练

技术军官和准尉通常作为技术管理人员与技术专业人员。这类军官有 60 种专业,对于这些专业没有设定培训路径。这类军官通常在本领域内持续工作,这点与有任职限制军官和事务军官类似。

(3)附属专业学习

美海军军官除了作战/保障技能训练外,还必须要学习附属专业。这可以通过毕业后的教育学习,也可以通过在专业职位上工作时学习。附属专业包括公共事务、英语、历史、联合情报、科技情报、地区情报、作战情报、政治学、地区研究(中东/非洲/远东/太平洋/西半球/欧洲/俄罗斯)特种作战/低烈度冲突、管理学、财政管理、物资管理、人力分析、运输管理、教育/管理、应用数学、作战分析、战斗后勤、水下战、C4系统、信息战、海洋学、气象学、作战海洋学、海军工程、海军建造、核工程、核动力、海军机械工程、电子工程、化学、作战系统、战略武器、战略导航、航空工程、航空电子、飞行、航空系统操作、航空系统工程、信息技术管理、计算机、设施工程、石油工程、海洋工程、法律、军事犯罪审判、海洋/国际法、税法、保健法、劳动法、环境法、保障、保障采办、系统库存管理、转运后勤管理、零售、采办合同管理、石油管理、生存技术、宗教、布道/礼拜、宗教教育、宗教文化、牧师/律师、道德规范、训练教育管理、宗教团体等。

(4)联合职务认证

1986年,美国国会在法律中加入《高德瓦特·尼科尔斯法案》,该法案要求几乎所有的美海军军官在获得将官军衔前,必须取得联合职务认证。《高德瓦特·尼科尔斯法案》中提到,军官要取得联合职务认证,必须完成联合专业军事教育(joint professional military education,JPME)计划,并完成联合职务任职。海军军事学院、美国国防大学下属的武装部队工业学院、军队学院和武装部队参谋学院提供联合专业军事教育计划培训。联合职务任职的时间为2~3年。部分事务军官,包括医疗军官、牙医、牧师、护士、医疗服务军官,不需要完成联合职务任职。另外,核动力领域的某些军官,以及国防部部长审批的部分军官,也不需要完成联合职务任职。

3. 基本训练程序

美海军军官训练程序,是依据军官成长训练规律,来安排训练内容和过程顺序的。通常情况下,按照下列程序进行。

(1)进行理论学习

理论学习包括公共基础课、主要学业课程、选修的学术性课程等,覆盖工程学、自然科学和人文科学等多门学科,通过学习相关理论,增加知识,为实际操练提供理论指导。

(2)训练职业养成

训练职业养成是美国军官培养的实践性环节,包括入职军事训练、性格品格养成训练、船艺训练、轻武器训练、第一学年暑期的校园巡逻艇操作技术、第二学年暑期的海上航行训练和战术训练等。

(3)开展学术研究

在理论学习基础上,除了参加陆战队、航空兵和潜艇部队适应性实习外,美海军军官还要参加舰船部队海上学习培养研讨班、综合能力培养研讨班,重点开展学术研究,突破难点,解决疑点,以便指导训练的实施。

(4)进行综合演练

"战争周"即连续5天的假想战争,使美海军军官学会如何领导一个排参加战争。训练以 24 小时为基础,在野外可能会遇到不同场景和不同任务,美海军军官可运用学到的全部知识来通过考验,比如呼叫空中支援、对化学战进行反击以及机动作战等。这种演练可提高美海军军官的综合素质。

以美海军航空母舰航空保障弹射与阻拦装置维修人员发展为例,其成长训练的路径大致分为基本技能培训、职业晋级培训和技术进修培训三个阶段。

第一个阶段是基本技能培训,从新兵到在编学员。一名美海军新兵入伍后,先要接受入伍训练和新兵培训,之后有意向成为飞机弹射与回收设备人员的士兵可提出申请,符合岗位申请条件的人便可成为在编学员。

第二个阶段是基本技能培训。从在编学员到航空兵辅助维修人员。

第三个阶段是晋级培训和技术进修培训。从航空兵辅助维修人员到弹射器操作人员或阻拦装置操作人员,再到弹射与阻拦装置操作技师(专业维修人员),然后再到弹射与阻拦装置维修军官(维修军官)。

第5章 美海军装备维修的先进技术

美海军装备维修的先进技术是美海军在装备维修领域的重要发展方向。先进技术的运用不仅能提升美海军装备维修水平,而且还可通过提高装备维修效率降低维修成本,是推动美海军装备维修变革的根本因素。在近几年的发展中,美海军不断尝试将先进技术引入装备维修领域,并不断拓展其应用范围,旨在将基于信息化和智能化的新兴技术引入装备维修和抢救抢修等不同领域。本章以数字孪生、增强现实、增材制造以及人工智能等先进技术为代表,通过分析总结这些技术在美海军装备维修领域的应用和发展概况来简要梳理技术要点以及在装备维修中的契合点,最后对各项先进技术的主要特点进行概述。

5.1 美海军装备维修的技术概况

装备维修技术是为保持、恢复和改善装备技术状态而采取的各项措施及相应手段的基础,通过对装备实施有效的监控、维护、修理和技术管理,可保持装备时刻具备良好的技术状态,从而保障军队作战、训练和其他军事行动能够顺利完成。

5.1.1 总体发展情况

美海军非常重视装备维修领域先进技术的发展和创新,在近几年的时间里,其积极尝试将人工智能、增强现实等技术引入装备维修工作中,旨在提升装备维修作业的效率和水平,以满足未来信息化、智能化战争保障需求。近几年美海军装备维修技术的发展情况如下。

5.1.1.1 继续推进现有技术的深化拓展与应用

通过总结近几年美海军相关政策和做法发现,大数据、数字孪生等现有技术仍是其研发重点与热点。美海军注重对现有技术进行传承与拓展,在积累中谋求进步与创新。例如,美海军在20世纪90年代末就已部署了故障预测与健康管理(prognostics and health management,PHM)系统,对装备故障进行预测和管理,近几年还尝试将物联网应用到PHM系统中,并与相关的供应、运输等联系起来。2020年9月,美海军对F-35物联网集成网络进行了测试,结果表明PHM系统和物联网集成大幅降低了维修成本与复杂性。鉴于此,美国国防部计划在未来5年投入

5.47 亿美元,用 PHM 系统和物联网集成替代现在的 PHM 系统。

5.1.1.2　加快先进技术在装备维修领域的应用

美海军注重加强 5G、增材制造、无人自主系统、物联网等先进技术在装备维修领域的应用。例如,引入机器人自主维修技术,机器人在运行过程中无外界人为信息输入和控制的条件下,可以独立完成维修任务。机器人对物理环境适应性极强,具有不惧接触危险环境、续航时间长、自主可控等特点,因此将机器人应用于装备维修领域,尤其是日常维修任务,如检测、去污和加油等,将大大提高维修效率、降低风险、减少人为操作错误等,维修人员能够更专注于提高质量和生产率的工作。又如,美海军在近几年逐步提升了其对增强现实维修技术的重视程度。该技术可帮助维修人员有效、准确地执行重要的维修工作。增强现实技术取代了传统的维修信息载体,如培训手册、印刷的图形和材料等,通过将计算机生成的图像与真实机器或设备组合在一起,模拟仿真后再叠加,可以看到虚拟地执行任务,从而将维修精度、维修效率提高到一个新的水平。

5.1.2　研发创新情况

为适应装备维修保障转型发展,实现装备维修预测精准、反应快捷的需要,美海军在装备维修领域引入了人工智能等先进技术,并持续关注新兴技术的发展,旨在通过调整优化进一步提升装备维修能力。

5.1.2.1　借助机器学习技术进行装备故障诊断

随着机器学习技术在后勤保障领域的不断拓展,美海军及时将其引入装备维修领域,并加大研发力度。美海军除了借助机器学习软件对装备故障进行诊断外,还在此基础上采用超级计算机及人工智能算法对装备故障进行预判和诊断,可使装备不再需要定期维修,减少用户对备件的需求,压缩库存规模,优化供应链流程,最终降低保障成本。

5.1.2.2　凭借增强现实技术提升装备现场维修能力

增强现实技术是以信息技术为载体,将无形的数字、信息和有形的人植入现实环境中,形成动感画面用以提高现场人员的实操能力。增强现实技术可以将数字和信息融入现实环境中,从而提供单一通用的实时界面,用于决策相关的关键信息,并提供执行功能,进而提升装备现场维修能力。鉴于此,美海军加大力度推广增强现实技术的应用范围,公布了其在维修保障采购和分发过程中的应用及其优势,从而消除没有价值的业务活动,进而提高应用的有效性和针对性。

5.1.2.3　利用增材制造技术进行装备与维修器材保障

当前,增材制造技术已经广泛被美海军用于装备维修工作中。由于增材制造过程与零部件的复杂程度无关,是真正的自由制造,所以现成为美海军研究的重要领域。以选择性激光熔覆(烧结)技术为例,其可成形任意几何形状的零件,对具有复杂内部结构的零件特别有效。美海军水下作战中心实时的快速制造与维修项目就是采用选择性激光熔覆、直接金属激光熔覆、熔融堆积成型以及电子束熔融等方法制造或维修老旧零件和装备。2019 年,美海军海上系统司令部在"杜鲁门"号航空母舰上安装了首个 3D 打印金属部件,并对其进行了一年的测试和鉴定。该部件主要用途是通过蒸汽管道进行排水,再从管道中冷凝,防止蒸汽溢出,从而保持蒸汽压力。

5.1.2.4 通过数字孪生技术优化装备维修方式

数字孪生技术最早由美国国防部提出,在装备维修领域,其主要用于对航空航天飞行器进行维修与保障。其数字孪生技术要点是在数字空间建立一个高度真实的飞机模型,并在此基础上利用传感器将该模型和飞机真实状态进行完全同步,这样便可在飞机是否需要维修时及时有效地快速评估,从而确保航空装备时刻具有高可用性。美海军在 2017 年提出了船厂基础设施优化项目,该项目主要目的是通过引入数字孪生技术来改善船厂的基础设施,从而解决因船厂老化造成的维修工作效率低等一系列问题。2020 年底,珍珠港海军船厂第一个完成了数字孪生技术的应用,并在 2021 年对所有船厂安装并运行了数字孪生模型。

5.1.3 技术应用情况

近几年,美海军不断尝试将研发创新的先进技术,最大程度地应用于装备维修保障工作中,例如,检查测试、维修清洁、拆装更换、效果评估、维修管理等。具体内容如下。

5.1.3.1 维修检测技术

检测工作是装备维修保障的基础,先进维修检测技术对维修人员具有较高要求。为此,美海军在近几年积极尝试基于先进技术的维修检测设备和系统的开发测试工作,旨在通过先进的检测技术与设备降低装备故障造成的任务延误,提高海军舰船和航空装备的可用性,进而大幅提高海军战备水平。例如,美海军基于信息化先进技术研发了间歇性故障检测系统 2.0(intermittent fault detection & isolation system 2.0),如图 5-1 所示。该系统由故障检测器和分析系统两部分组成,可用来检测和隔离航空电子部件连接与布线中的间歇性故障。2020 年 1 月的美国政府问责局报告指出,美海军西南机群战备中心在其 F/A-18 飞机发电机上应用了间歇性故障检测系统,将航空装备的维修时间从 90 天缩短至 30 天,发电机平均故障间隔时间增加了 4 倍,即发电机平均故障间隔时间从 104 个飞行小时增加到 400 多个飞行小时,节省了约 6 200 万美元的费用。在之前的测试中,系统检测并隔离了 97% 的间歇性故障,所有测试的布线系统都通过了目前部署的电线测试设备的测试。间歇性故障检测系统 2.0 大大减少了故障的发生,缩短了维修周转时间,降低了维修费用,提高了装备可用性,实现了高费效比的战备完好性。除此之外,美海军维修人员还使用基于数字孪生模型和人工智能驱动技术的 Digs Fact 远程检测系统,该系统能够将非结构化的平面照片转变为数字孪生模型,在数字孪生模型中可以测量物体的长度,并且能够提供沉浸式的 3D 效果体验。使用该软件时维修人员无须到达现场,只需现场人员拍几张需要检查或维修的装备照片,然后传送到该软件上,系统会根据照片建立 3D 模型和平面图,维修人员可从捕获的照片中进行测量,实现远程检查,并进行场景规划。人工智能驱动的图像检测能检测到零部件早期的退化迹象,并发出警告,防止因未及时维修而发生损坏的情况,有助于降低远程检测的维修成本。除检测故障外,该软件还能估算维修成本。

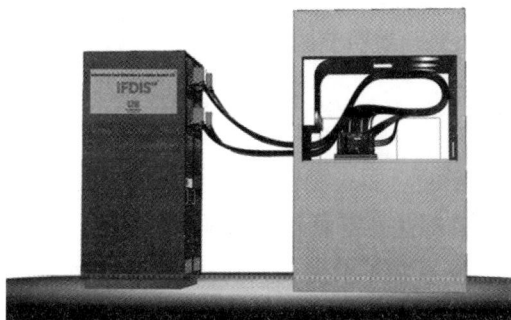

图 5-1　间歇性故障检测系统 2.0

5.1.3.2　维修清洁技术

舰船、潜艇等海军装备服役环境存在特殊性,因此对装备的日常维修清洁工作具有更高要求。对舰船/潜艇装备来说,表面涂层的检查、去除和重新喷涂往往是影响装备使用寿命的关键因素。美海军开发了一系列维修清洁技术,例如,美军基于先进人工智能技术研发了机器人激光涂层去除系统(图 5-2),该系统提供了一种先进、可持续、高性能的脱漆解决方案,通过多个高保真度控制系统将指定功率和精度的激光传输到飞机整个外侧模具线上的不同区域、底层与涂层;采用新的控制技术,可精确测量并去除所有涂层中不均匀区域;高功率真空吸尘器可以清除绝大部分的附着物,从而确保区域清洁,并对人员和环境无害。

此外,对于燃气轮机的压缩结垢,美海军基于新兴技术研发了表面处理系统来对燃气轮机部件进行有效的表面清理,该系统可通过三个步骤来进行燃气轮机的表面清洁:第一步是去除表面污染物,这一步采用的技术热传导小,可保留下面的基材,同时使污染物汽化,从而大大减少了废物流;第二步是使用 Rill 科技公司的 Rill tech micro-finish 的过程处理表面,以将表面粗糙度降低至 5 纳米;第三步是应用薄膜(等离子增强化学气相沉积)和类金刚石薄膜(氢化非晶碳涂层)。该系统的使用可在美海军舰船或飞机运行过程中显著提高压缩机效率、降低燃油消耗。

图 5-2　机器人激光涂层去除系统

5.1.3.3　修复技术

装备修复是维修工作的重点内容。当前复合材料技术在现代装备维修上得到了一定程度的应用,同时也给装备维修带来了新挑战,需要研究新的修复手段和技术。例如,为解决金属类武器装备的即时维修给后勤部门带来的极大负担和压力问题,美海军在装备维修领域引入了固态增材制造修复技术,利用该技术实施了一种可移动、能建造、修复和连接金属的工艺。这是一种省时省力的装备维修方法。海军研究局、海军海上系统司令部以及陆军和空军都非常重视这一技术的应用。该技术已应用在裂缝、模拟的探测损伤和腐蚀凹陷等方面的修复工作。由于该工艺的性质,所有沉积、修补和涂层都是完全致密的,因此不需要任何额外的致密化处理,如烧结或高温等静压工艺。此技术能够用于多种材料,包括但不限于不锈钢、钛合金、镍合金、铜合金、镁合金和铝合金,以及非熔合的可焊合金。此外,美海军还尝试基于增材制造技术来提高现场零件替换的工作效率。例如,洛克希德·马丁公司和美海军研究局签订了一份价值 580 万美元的合同,以使用基于机器学习的 3D 辅助人工智能打印机帮助美海军现场制造替换零件。洛克希德·马丁公司分析了 3D 打印过程中的常见设计,发现零件制造时可能带有难以识别的瑕疵,该公司的专家团队测量并记录了打印零件的质量,为零件的关键特征标记了分数,然后将标记的分数输入到机器学习算法中,并对算法进行完善。

机器学习模型确定哪些设计与最高分数项相关。当用户将零件的数字原理图上传到打印软件时,机器学习算法将决定如何打印该零件,以确保选择最精准的打印模式。美海军研究局使用固态增材制造修复技术进行装备维修如图 5-3 所示。

图 5-3　美海军研究局使用固态增材制造修复技术进行装备维修

5.2　先进技术在美海军装备维修中的应用情况

合理运用先进技术能够有效保证装备维修的精准性和高效性,因此美海军十分重视装备维修领域中新兴技术的引入和发展。下面以数字孪生、增强现实、增材制造以及人工智能先进技术为例,通过技术概况、应用案例、发展趋势三方面描述这些技术在美海军装备维修中的应用情况。

5.2.1　数字孪生技术

数字孪生技术是充分利用物理模型、传感器更新、运行历史等数据,集多学科、多物理量、多尺度、多概率的仿真过程,在虚拟空间中完成映射,从而反映相对应的实体(物理系统,如装备)的全寿命周期过程。

5.2.1.1　技术概况

数字孪生技术已引起各国的广泛重视,其可看作连接物理世界和数字世界的纽带,通过建立物理系统的数字模型、实时监测系统状态并驱动模型动态更新实现系统行为更准确的描述与预报,从而在线优化决策与反馈控制。数字孪生模型相比一般的模拟模型,具有集中性、动态性和完整性的典型特点。数字孪生技术的发展需要复杂系统建模、传感与监测、大数据、动态数据驱动分析与决策和软件平台技术的支撑。在航空航天领域,数字孪生技术可应用于飞行器的设计研发、制造装配和维修。

当前,现代工程越来越复杂,普遍存在系统组件多、动态特性强、不确定性大等问题。而数字孪生技术的出现便为解决这些问题提供了新的思路。数字孪生是一个技术体系,旨在为物理系统创造一个表达其所有知识的集合体或数字模型。实时监测系统状态,动态更新数字模型,能够提升数字孪生体的诊断、评估与预测能力;同时在线优化实际系统的操作、运行与维修,减少结构设计冗余,避免频繁的周期性检查与维修,并保证系统的安全性。

5.2.1.2 应用案例

2010年,美国国家航空航天局(NASA)发布了《NASA空间技术路线图》,提出了在2027年前后实现构建NASA数字孪生模型的目标。该报告同时给出了数字孪生技术的四种应用场景。

一是用于飞行器发射前的"试飞"。分析不同任务参数产生的影响,并针对各种异常现象,研究和验证相应的处理策略。

二是用于镜像飞行器的实际飞行。实时监测载荷、温度以及结构的状态,反映真实飞行状况。

三是用于故障或损伤发生后的评估。当传感器指示结构性能状态出现退化时,诊断引发异常的原因,分析失效后的应对措施。

四是作为设计修正分析的平台。模拟某些部件失效后的运行状况,从而决定是否需要做设计上的改进,避免不必要的修改和调整。

数字孪生技术的应用如下。

1. 用于飞行器的设计研发

通过建立飞行器的数字孪生模型,可以在各部件被实际加工出来之前,对其进行虚拟数字测试与验证,及时发现设计缺陷并加以修改,避免反复迭代设计所带来的高昂成本和漫长周期。达索航空公司将3DExperience平台(基于数字孪生理念建立的虚拟开发与仿真平台)用于"阵风"系列战斗机和"隼"系列公务机的设计过程改进,减少了25%的资金浪费,首次质量改进提升了15%以上[①]。3DExperience平台如图5-4所示。

2. 用于飞行器的制造装配

在进行飞行器各部件的实际生产制造时,建立飞行器相应生产线的数字孪生模型,可以跟踪其加工状态,并通过合理配置资源减少停机时间,从而提高生产效率,降低生产成本。洛克希德·马丁公司将数字孪生技术应用于F-35战斗机的制造过程,期望通过生产制造数据的实时反馈,进一步提升F-35战斗机的生产速

---

① 参见 The 3DExperience platform, a game changer for business and innovation, https://www.3ds.com/3dexperience, 2021。

度,设想将目前每架战斗机 22 个月的生产周期缩短至 17 个月,同时将每架 9 460 万美元的生产成本降低至 8 500 万美元。此外,诺斯罗普·格鲁曼公司利用数字孪生技术改进了 F-35 战斗机机身生产中的瑕疵处理流程,将处理 F-35 战斗机进气道加工缺陷的决策时间缩短了 33%。

图 5-4　3DExperience 平台

3.用于飞行器的故障预测

利用飞行器的数字孪生模型,可以实时监测结构的损伤状态,并结合智能算法实现模型的动态更新,提高剩余寿命的预测能力,进而指导更改任务计划、优化维修调度、提高管理效能。诺斯罗普·格鲁曼公司开发了一种自动生成飞行载荷的方法,能够得到关键点的应力序列,为疲劳裂纹扩展预测提供输入;同时,利用检测数据和相应的检测概率函数更新裂纹尺寸的概率分布,以此减少预测的不确定性,更有效地指导何时进行检查。预测维修时刻的不确定性降低后,期望维修成本的最小值也相应降低,即基于更新后的预测可以通过调整维修时间降低维修成本。诺斯罗普·格鲁曼公司在 ModelCenter 软件中将所有方法集成为一个数字孪生流程模型,其模块化的特征允许随时对代码进行改进,并整合更多的不确定来源,提升模型的跟踪、预测和优化能力。

4.用于监测舰船健康状况并及时维修

2021 年 9 月,美海军水面作战中心卡德洛克分部、怀尼米港分部、费城分部,以及学术界和几家小型企业合作开展了一种基于数字孪生模型的项目。该项目旨在设计并开发一个全自主监控系统,可实时监测部署在加利福尼亚州怀尼米港的美海军舰船船体及零件系统的健康状况。美海军开发的数字孪生原型如图 5-5 所示。

数字孪生技术是复杂物体或系统的虚拟表示,多用于预测舰船的未来作战能力。该项目为潜艇和航空母舰等舰船上的各个重要配件装上特有的传感器,便于快速采集数据,并利用计算机算法来确定该舰船是否正常运行。一旦传感器检测到此舰船处于非正常运行状态,其将自动生成检测报告,并预测可能发生的后果及发生的时间等。怀尼米港分部海军系统工程师卡洛斯·布瓦塞利尔(Carlos

Boisselier）表示这个项目应用了一些先进的技术,为美海军团队提供了一个巨大的机会。其可通过对舰船的实时监测来提高维修效率,从而做到早发现、早预防,并在最大程度上减少舰船的停整时间。在开发该项目前,美海军采用的是效率极低的方式——让美海军人员定时上船巡逻,以检测舰船的健康状况。在这个过程中,美海军人员需要手持分析仪收集振动数据,然后将采集到的数据发送给专家进行审查。该项目的开发大大节省了美海军维修人员的时间,使工作人员可以返回自己的主要岗位上。同时,该项目采用的实时监测技术和故障分析报告能够使得测量更加频繁、准确。

图5-5　美海军开发的数字孪生原型

5.2.1.3　发展趋势

数字孪生技术融合了包括人工智能、物联网、元宇宙以及虚拟现实和增强现实在内的先进技术。

首先,数字孪生技术可为物理系统创造其所有知识的数字模型,能够在不确定的环境下,与真实数据、分析模型等多元信息融合,增强对复杂系统的认知,更准确地描述与预报系统的动态演化行为,以更好地指导决策、实现控制与优化。

其次,数字孪生技术可看作连接智能与实物的纽带,使得各类机器智能方法得以用于管理,从而加速验证进程、降低运营维修成本、提高服役可靠性、延长使用寿命。此外,数字孪生技术已引起各国广泛重视,但其全面应用还需要突破复杂系统建模、传感与监测、大数据、动态数据驱动分析与决策和数字孪生软件平台等关键技术。

美国NASA预计到2035年,数字孪生技术的应用将能够实现飞行器维修成本减半,服役寿命延长至目前的10倍。对于寿命预测来说,相比于传统寿命预测过程,基于数字孪生的寿命预测具有以下优点:一是结构分析不再只是在某些工程经验判断的关键点上开展,这避免了误判导致的结构提前失效;二是实现了应力和损伤预测的双向耦合,这提高了剩余寿命的预测精度;三是实时检测的数据用来动态更新模型,这进一步提高了分析可靠性。

美海军积极推进装备维修中的数字孪生技术发展。2021 年,美海军利用数字孪生技术优化其船厂。面对美海军维修潜艇和航空母舰设备正在老化的问题,为了振兴船厂并改善基础设施,美海军正在耗资数十亿美元优化大修,大修将采用数字孪生技术来绘制最需要更改的区域,通过将成千上万数据和信息融入模型中,辨别软件中的限制条件,提升装备维修效率。此外,美海军还希望通过数字孪生技术提升其航空装备维修能力。美海军通过设计和开发航空装备产品的数字孪生模型,将物理产品集成到数字孪生体来开发原型产品,以支持航空装备的维修。

5.2.2　增强现实技术

虚拟现实是由交互式计算机仿真组成的一种媒体,能够感知参与者的位置和动作,替代或增强一种或多感官反馈,从而产生一种精神沉浸于或出现在仿真环境(虚拟世界)中的感觉。目前美海军已经在维修训练中多次引入了虚拟现实技术。增强现实技术则来源于虚拟现实技术,是虚拟现实技术的扩展。增强现实技术将虚拟信息与真实场景相融合,通过计算机系统将虚拟信息通过文字、图形图像、声音、触觉方式渲染补充至人的感官系统,用以增强用户对现实世界感知的技术。

5.2.2.1　技术概况

数字化战场成为未来战场的主要模式,虚拟现实和增强现实技术具有呈现虚拟战场、任务环境的优势,对于美海军维修作业和训练具有十分重要的意义。增强现实技术由虚拟现实发展而来。增强现实技术最早于 1990 年提出,它是把在现实世界的一定时间和空间范围内难以体验到的实体信息通过电脑等技术,模拟仿真后再叠加,将虚拟的信息应用到真实世界,使人类感官所感知。其主要内容是帮助维修人员有效、准确地执行重要的工作。增强现实技术取代了传统的维修信息载体,如培训手册、印刷的图形和材料等,通过将计算机生成的图像与现实机器或设备组合在一起,模拟仿真后再叠加,可以看到虚拟的执行任务,从而将维修精度、维修效率提高到一个新的水平。增强现实技术必须具有三个基本特征,即虚实融合、实时交互和三维定位。2017 财年,全球军事领域对增强现实技术的投资金额为 5.118 亿美元,预计 2018—2025 财年的复合增长率为 17.4%,到 2025 财年,投资金额将达到 17.795 亿美元。2016—2021 财年,美海军在增强现实、虚拟现实和混合现实技术方面的每年花费约 60 亿美元。2018 财年,美陆军花费了

4.79 亿美元,用于提供 HoloLens 2 增强现实头盔。该头盔在 2022 年部署到美陆军士兵中。

增强现实技术在军事上的应用主要包括飞机或车辆模拟、战场作战模拟、训练演习模拟、远程维修等。美陆军研究、开发和工程司令部研发出战术增强现实的夜视镜,可将所有关键信息(空间方位数据、武器瞄准、士兵、盟军和敌军的确切位置等)都叠加到士兵的护目镜上。美空军与哥伦比亚大学合作,开发了"维修增强现实"(augmented reality for maintenance and repair, ARMAR)项目,以可视化信息和动画的形式显示操作手册的内容,并覆盖到增强现实设备的屏幕上,使得技术人员更轻松地跟踪信息并进行维修操作。美空军于 2019 年 1 月在弗吉尼亚州联合基地进行了关于增强现实的空军训练。该训练针对飞机武器系统中的飞行员和弹药库,采用增强现实技术实现应用程序为准备执行战斗任务的飞行员提供体验。增强现实人机交互界面如图 5-6 所示。

图 5-6 增强现实人机交互界面

5.2.2.2 应用案例

增强现实技术在维修过程的应用主要包括外观和功能的日常检查;对装备组件的拆卸和安装;通过远程维修指导将专家意见传递给一线的维修人员;对设备故障进行检测和诊断等。

1. F-35 战斗机虚拟的损伤评估和维修跟踪

F-35 战斗机由洛克希德·马丁公司研发、制造并提供维修支持(包括培训、预测和维修),同时延长 F-35 战斗机的寿命并最大限度地提高飞机运行的可靠性。洛克希德·马丁公司采用了交互式 3D 技术,将数据集成到他们现有的信息基础架构或"自主物流信息系统"软件系统中,以简化操作、维修、预测、供应链和客户支持服务数据。F-35 战斗机维修如图 5-7 所示。

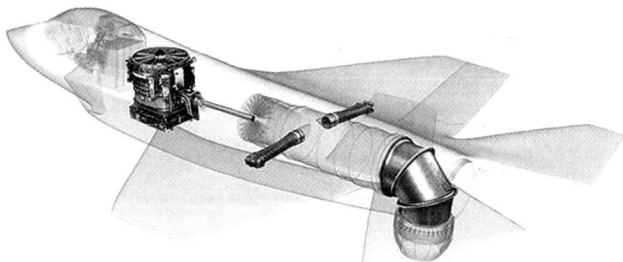

图 5-7　F-35 战斗机维修

F-35 战斗机损伤评估解决方案由 NGRAIN 公司提出,维修人员可以在飞机详细 3D 虚拟模型中捕获故障信息。飞机的机尾编号被指定为其唯一标识符,经识别后,立即显示该飞机的故障和维修历史数据,随后输入故障类型和尺寸等的数据,可以确定故障位置,并插入照片、注释、视觉定位以便订购配件。该方案可达到 1/10 英寸①的精度,允许复杂的 3D 数据集成在平板电脑上交互运行,且对航线维修人员保持用户交互友好。后端软件系统集成的简化流程取代了传统的方线图和烦琐的电子表格,可以减少维修人员记录、评估和修复故障所需的时间;通过损伤评估解决方案,当飞机着陆时,航线的维修人员可以连接到数据库,并确定飞机是否适合继续飞行,并使维修人员准确地指出飞机的故障情况,降低维修人员差错的可能性,实现飞行安全。该解决方案随 F-35 战斗机交付给美海军测试地点,现在正被部署到参与联合攻击战斗机(JSF)计划的其他国家/地区采购的飞机上。

2. 装甲运兵车炮塔的增强现实维修

美海军陆战队展示了一个增强现实技术应用的设计和测试,该设计服务于装甲运兵车炮塔内执行日常维修任务的维修人员,使用头戴式显示器,通过文本、标签、箭头和动画序列来增强维修人员的自然视图,可以在炮塔内部狭窄的区域执行 18 项日常维修任务,包括安装和拆卸紧固件和指示灯、连接线缆和其他机械、电气、液压检查等。维修人员在 LAVL-25A1 装甲运兵车中进行维修操作如图 5-8 所示。

3. 增强现实维修应用基于软件程序和硬件

增强现实应用软件使用 valve source engine 作为引擎"mod",引擎播放器作为用户的虚拟代理,并根据来自跟踪硬件的位置信息进行定位。增强现实场景中的

①　1 英寸 = 0.025 4 米。

所有虚拟内容都由自定义引擎模型、图形用户界面(GUI)元素和其他组件提供,来自两个灰色 Firefly MV 摄像机的全分辨率立体视频通过一个外部动态链接库(DLL)扩展到场景,该 DLL 通过 Windows Detours 库与 Direct X 图形界面进行连接。该系统硬件采用一个定制的立体视觉视频透视头戴式显示器(VST HWD)作为显示器,显示器由 Headplay 彩色立体显示器构成,分辨率为 800×600,对角线视场为 34°。HWD 前端安装了两个灰色 Firefly MV 640×480 分辨率的相机,并连接到 IEEE 1394a 总线。跟踪由自然点光学跟踪系统提供,使用 10 台跟踪摄影机实现全覆盖,以克服炮塔内有限操作环境的影响。

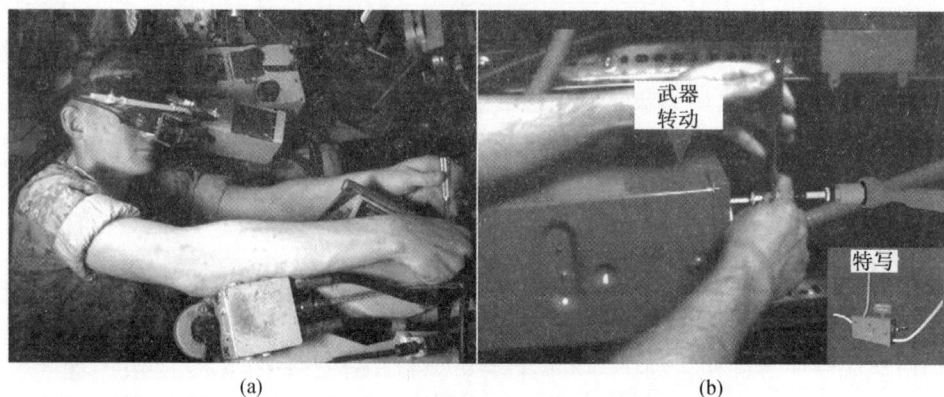

(a)   (b)

图 5-8   维修人员在 LAVL-25A1 装甲运兵车中进行维修操作

美海军陆战队在佐治亚州奥尔巴尼后勤基地对 LAVL-25A1 装甲运兵车进行了基于增强现实的维修操作测试(图 5-8)。测试结果表明,通过该地面评估系统,维修人员可以在维修环境受限的情况下,更快速、更准确地完成维修任务。与其他维修信息显示对比,如液晶显示器(LCD)和平视显示仪(HUD),维修人员对利用增强现实技术的维修方式的易用性、直观程度和满意度评价最高。

4.舰船制造和维修中使用的增强现实技术

西班牙纳万提亚造船公司将工业增强现实(industrial augmented reality, IAR)技术融入舰船的设计建造、改装和维修中。纳万提亚造船公司开发了一套工业增强现实系统,该系统采用雾计算原理,旨在减少相应延迟,提供真实的增强现实交互和有关过程信息,如图 5-9 所示。

该工业增强现实系统包括三套工业增强现实硬件设备、两个软件开发工具包和多个工业增强现实标记。纳万提亚造船公司测试使用的工业增强现实硬件是 UMI Super 智能手机、FZ-A2mk1 平板电脑、Moverio BT-2000 智能眼镜和空间增强现实,这些硬件具有视野宽、质量轻、电池续航时间长、视网膜投影等特点。工业增强现实软件开发工具使用 Vuforia 和 AR Toolkit。Vuforia 支持 Unity 3D 和 Thing Worx 物联网平台;AR Toolkit 是一个开源软件,包含用于远程模式识别的优化算法。软件部分实现了快速处理现场重叠的虚拟元素,实现了识别和跟踪算法来检测与跟踪元素,以及语音和手势识别机制。工业增强现实标记包括工厂和组件的信息、组件位置的确定、质量控制、操作步骤的指导、装置可视化、仓库管理、分段装配等。纳万提亚造船公司基于工业增强现实的舰船建造与维修试验结果,表明了增强现实技术相较于传统建造和维修技术,具有响应延迟短、高负荷下处理速率高等特点。另外,纽波特纽斯船厂正在开发工业增强现实安全、培训、操作和维修应用程序,旨在提高造船工艺和维修水平,并节约成本;BAE 公司已经将工业增强现实接口用于建造近海巡逻艇和 26 型护卫舰。

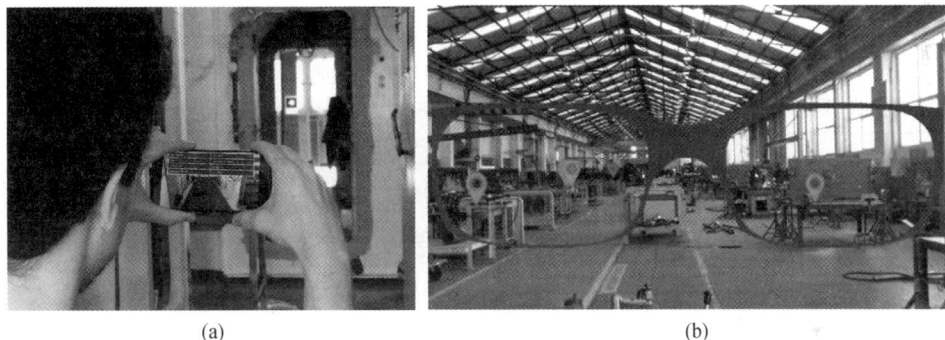

(a)　　　　　　　　　　　　(b)

图 5-9　工业增强现实实际应用

5. 用于舰船维修的混合现实软件

Kognitiv Spark 公司制造了混合现实远程辅助支持(mixed reality remote assistant support,MIRRAS) 系统,主要目的是改善现役海军舰船的维修,如图 5-10 所示。混合现实远程辅助支持系统通过微软的全息眼镜实现。该系统的远程协助功能使舰船维修专家可以在世界任何地方看到全息眼镜佩戴者所看到的场景。专家可以将 3D 全息图拖放到工作人员的视野中,并对这些全息图进行动画处理,以显示特定维修或任务的多步骤过程,从而帮助维修。此外,专家还可以使用实时语音和视频,及时对维修技术人员进行指导。即使没有远程专家,维修技术人员也可以使用本地存储的数据来协助日常维修保养任务。该系统利用增强现实技术、混合现实和人工智能集成来提高舰船维修和培训的效率。该系统具有市场上通信平台中所有增强现实最低的互联网带宽要求,非常适合偏远地区。操作语音和视频通话(包括 3D 全息图和物联网集成) 只需要 256 千比特率,连接到移动热点时,可以实现可靠呼叫。此外,为了达到最高的安全标准,所有的通信都是完全加密的。混合现实远程辅助支持系统如图 5-10 所示。

图 5-10　混合现实远程辅助支持系统

6.基于增强现实的维修训练技术

增强现实技术的主要优势是能够将计算摄影机影像的位置及角度实时叠加相应图像,将现实环境和虚拟环境的信息"无缝"地集成一体。其主要特点是使用虚拟现实设备把虚拟环境的信息融入真实环境并实现互动。美海军当前在武器装备维修训练领域存在的主要问题有:一是装备维修技术工人普遍工作时间较短,维修武器装备的经验不足;二是在军事维修专业工作任期短,维修岗位轮换频繁;三是新兴维修技术的发展和进步促使维修技术工人不得不接受新技术应用培训;四是传统的维修培训技术存在培训时间长、效率低、成本高的缺点。为此,美国 PTC 公司研发了具有世界先进水平的软件平台 Vuforia 和基于该软件开发的虚拟现实手持式与头戴式可穿戴设备套件。其具有人机界面友好、软件更新便捷等优点。该套件曾连续两年获得欧洲工业世界数字平台评选的全球最佳增强现实解决方案①,如图 5-11 所示。

该套件能够形成功能强大的增强现实维修技术训练指令,并使用最快和最简单的训练方法,快速、安全地为新员工提供训练服务;能够为训练任务提供分步指导,使新员工按实际训练效果分步掌握维修技能;能够在易于使用的基于网络的环境中对训练内容实现便捷的编辑、微调和升级;能够为参训人员提供触手可及的基本说明,并向多种设备类型提供动态训练内容传送。

---

① 参见 https://www.ptc.com/en/news/2020/ptc-provides-leading-ar-platform-teknowlogy-report。

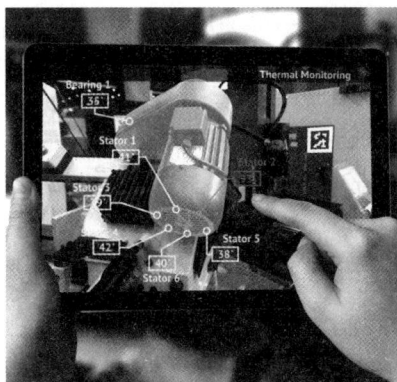

图 5-11　美国 PTC 公司研发的维修技术增强现实训练套件

5.2.2.3　发展趋势

2000 年以来,信息化武器装备已经成为提高现代军队作战能力的关键,在这一背景下增强现实技术通过对人类感官获取、信息处理以及传递等能力的全面拓展,从大型机械设备维修到成像系统多个军事侦察应用,增强现实系统都能大显神通。具有良好的人机交互性,符合人的行为方式,在恰当的时间和地点,获得正好需要的信息,这就是增强现实系统的优点所在。未来虚拟现实、增强现实和混合现实技术将为各级指挥官提供多种选择,以指导有效的作战、训练和维修,完成复杂的动态任务。美智库发布的《建设未来的军队》报告提出,美军正在适应不断变化的作战环境;在多级、混合现实的环境中优化士兵的表现;摆脱以设施为基础的训练,使军队在驻地、作战训练中心或部署地点都能进行训练,使联合军种作战训练成为现实。

增强现实技术发展呈现了多个发展态势,如下。

(1)增强现实与人工智能相遇产生了两种相得益彰的发展态势。一是人工智能为增强现实功能所需的空间识别软件提供了支持;二是增强现实和人工智能解决方案可以协同工作,以提供新的解决方案,原本使用复杂算法来理解环境的传感器数据,使用人工智能技术后可以简化这个过程,并使其比完全由人类制作的模型更准确。

(2)移动增强现实正在快速发展。移动增强现实设备提供增强现实体验的主要工具之一是移动设备。大多数消费者都拥有某种移动设备,而增强现实耳机、头盔尚未成为消费者使用的主流。正因为如此,企业发现了许多利用移动设备实现增强现实技术的机会。多年来,该技术也有了显著改进。借助移动增强设备可以协助技术人员完成日常维修流程,增强现实技术应用程序可以突出显示正在处理的维修设备信息,以指导维修技术人员按照流程完成维修任务。

在增强现实技术不断发展的背景下,美海军装备维修也呈现了新的态势。

(1)便于美海军更有效、安全地执行维修任务。美海军开发增强现实潜水头盔,巴拿马城海军水面作战中心分部的团队完成了潜水员增强视觉显示器(divers augmented vision display,DAVD)的第一阶段开发。高分辨率、透明的平视显示器直接嵌入潜水头盔内,提供更广泛的态势感知和更高的导航目标的准确性,以便提升战争中装备维修态势感知能力。

(2)用于美海军装备维修模拟训练。虚拟现实训练有助于训练那些在现实生活中太罕见、太昂贵或太危险而无法进行的练习。美海军许多装备都是密集的复杂机电系统,并非所有设备都能在工程师构想的理想环境中使用,虚拟现实是构思和优化军事装备的完美工具。

5.2.3　增材制造技术

增材制造技术俗称 3D 打印技术,其融合了计算机辅助设计、材料加工与成型技术,以数字模型文件为基础,通过软件与数控系统将专用金属材料、非金属材料等按照挤压、烧结、融化、光固化、喷射等方式逐层堆积,制造出实体物品的制造技术。该项技术目前已广泛应用于军事领域的零部件制造和维修中。

5.2.3.1　技术概况

美海军非常关注增材制造技术,将其视为一种极其先进的按需制造技术。美海军演示了利用 3D 打印技术在需求点制造关键零部件的能力,并将演示所用系统命名为基于增材制造的战场快速制造。该系统通过三维扫描仪实现逆向工程能力,能够制造高精度的橡胶、玻璃等不同材质的零部件。

在 3D 打印的基础上融合智能材料和人工智能制造技术,原则上任何零部件都可以通过计算机设计打印出来,而融合人工智能的 3D 打印能更高效、精准地制造军用零部件和维修所用器材,实现即时维修。在装备维修保障领域,3D 打印常用在壳体修补、备用件的快速制造、损伤件的精确修复、服役件的升级改造当中。3D 打印的军事优势会对装备维修工作中备件的供应链管理产生影响。例如,海上大型运输军用舰船可以配备 3D 打印机,并在部署期间为其他小型军用飞机制造替换零件。配备 3D 打印机的舰船可以简单地打印所需的零部件,而不必再将带有替换零部件的运送船配属给需要的舰船。这将大大节省储存空间和成本,缩短供应链,实现精准维修和按需维修,进而提高维修效率。

5.2.3.2　应用案例

目前,美海军航空兵武器系统维修存在预算有限、需求快速变化和支持功能复杂的问题,美海军军事人员必须在正确的时间配备正确的材料以满足任务能力。为了提供最佳性能,基础设施必须高效可靠地运行,才能实现任务有效性。

武器系统的运行依赖于有效运作,涉及全球行业合作伙伴、小型企业和政府维修设施。政府和行业共同执行服务和供应功能,以保持武器系统处于运行状态。然而,供应链中充斥着困难和效率低下的问题,美海军必须解决这些问题,以便在成本、进度和性能要求范围内最大限度地提高作战人员的战备状态。美海军将应用增材制造技术来改进、缓解这些问题。

1. 提高零件制造的质量

洛克希德·马丁公司已经获得了美海军一份价值 580 万美元的合同,以使用人工智能的机器学习辅助 3D 打印机帮助美海军现场制造替换零件。该公司声称机器学习算法能够学习和观察其打印过程,然后迭代更新其打印过程以提高零件质量,人工智能技术可以与美军使用的 3D 打印机器人系统集成。洛马公司开发的 3D 打印机与制造零件如图 5-12 所示。

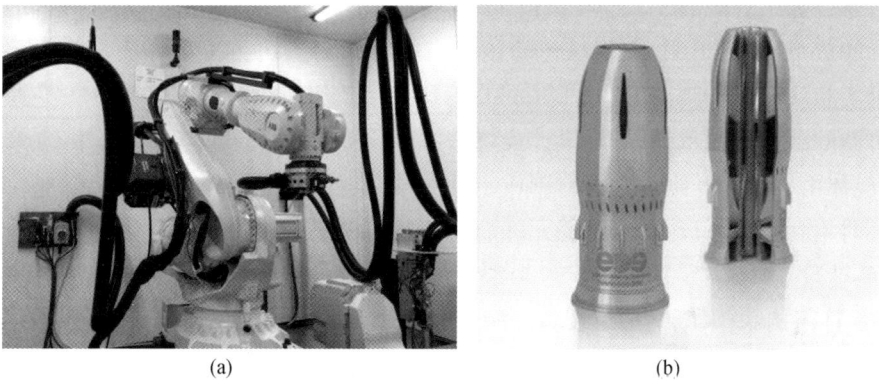

(a)　　　　　　　　　　　　　(b)

图 5-12　洛马公司开发的 3D 打印机与制造零件

2. 基于 3D 打印技术的航空制造领域锻造产业发展

锻造技术在航空制造领域已应用多年,主要用于制造飞机及发动机重要零部件。飞机上锻造制成的零部件质量约占飞机机体结构质量的 20%~35% 和发动机结构质量的 30%~45%,是决定飞机和发动机的性能、可靠性、寿命与经济性的重要因素之一。锻造技术的发展对航空制造业有着举足轻重的作用。基于 3D 打印的锻造技术如图 5-13 所示。

金属 3D 打印无须模具且全数字化、高柔性,打印的零件材质全致密,没有宏观裂纹和缩松,性能良好。利用激光立体成型技术(LSF,属于金属 3D 打印技术的一种)制造航空盘型零件,其材料利用率高达 2/3,远远高于锻造和铸造,而设计修改时间、加工循环周期、返修率、费用均较低。采用 LSF 技术制造的 TI6AL4V、316L 不锈钢、INCONEL625 合金拉伸性能均优于锻件。

图 5-13　基于 3D 打印的锻造技术

3. 快速制造潜艇艇体

融合人工智能的 3D 打印技术,可以深度变革潜艇维修制造过程,实现即时维修。2017 年 7 月 20 日,美国橡树岭国家实验室的制造示范工厂和美海军颠覆性技术实验室合作研制出美海军首个 3D 打印的潜艇艇体,如图 5-14 所示。它是一个可选的载人技术示范艇体,设计灵感来源于美海军"海豹"运输潜艇,长约 9.14 米,艇体由一种碳纤维复合材料制成。令人难以置信的是,从概念到组装,整个过程耗时不到 4 周,总花费 6 万美元。而通常此类潜艇艇体的制造需要 3~5 个月的时间,造价 80 万美元。这对于未来潜艇的制造具有重要意义。通过采用人工智能 3D 打印技术,大幅缩短了装备的制造时间和制造成本,未来美海军可以绕过漫长的联邦预算流程,而只要根据瞬息万变的作战需求,自行打造出所需要的质优价廉的军备,就可充分发挥出"按需"制造的优势。

图 5-14　美海军使用 3D 打印技术打造的潜艇艇体

4. 利用舰上 3D 打印技术快速按需制备零部件

一般情况下,舰船航行执行军事任务时通常需要携带大量零部件,主要目的是确保舰船出现问题时能够快速利用备件完成检修。一旦备件短缺便会影响舰船的正常运行,从而造成任务延误。近年来 3D 打印技术不断在快速制造、特殊部件定制以及成本降低等方面表现出显著的优势,所以自 2014 年,美海军便开始尝试在舰船上安装 3D 打印设备,旨在通过快速制造零部件、小型无人机以及其他士兵用小型装备的方式提升自身战备水平。2017 年 5 月,美海军发布了"海军 3D 打印实施计划 2.0",该计划提出美海军将在 2021 财年后实现舰上 3D 打印金属部件,并且计划还确定了 3D 打印的里程碑节点和演示验证路线图。该计划于 2022 财年实现。随后,海上系统司令部又在"3D 打印技术使用指南"中明确了对 3D 打印聚合物原料的防火等级、烟雾浓度和毒性等要求,并制定了舰上 3D 打印设备安装指南。2019 年开始,美海军通过建立舰上"小型制造实验室"和"先进制造实验室"部署 3D 打印设备。目前,包括两栖舰、航空母舰、潜艇在内的 12 艘舰船具备了舰上 3D 打印能力,可在几天时间内快速制造聚合物零部件。美海军在舰上利用 3D 打印技术组装小型无人机如图 5-15 所示。

图 5-15　美海军在舰上利用 3D 打印技术组装小型无人机

5.2.3.3　发展趋势

目前,增材制造技术在美海军装备维修保障中的应用主要集中于备件制造。在航空母舰、潜艇等装备备件方面,2022 年 1 月,美海军计划将无法跟上需求的供应商与增材制造公司配对,可以实现全天候打印零件。这项工作将针对最薄弱的部分潜艇产业基地,尤其是做铸件、锻件和配件的公司。特别是近来在航空母舰上设立了有史以来第一个先进制造实验室,以使用激光扫描和增材制造技术为打击群中的舰船打印零件。第一批零件已于 2022 年 11 月安装到了现役潜艇上。

在航空装备备件方面,美海军主要聚焦以下几个方面:一是利用增材制造技术降低美海军航空装备供应链成本;二是系统地将增材制造整合到航空供应链中;三是确定使用增材制造技术所需的流程和决策支持系统。值得注意的是,目前美海军运用增材制造技术处理更多的是消耗性航空装备备件及其制造问题,但在装备维修过程中还存在大量可修复部件。未来增材制造技术可针对美海军增材修复工艺的使用,研究降低其成本的同时提高装备的战备完好性,甚至探索间接增材制造应用程序,如磨具加工,以解决供应链系统中器材目录之外的问题。

5.2.4 人工智能技术

人工智能技术作为一项先进技术已经被美海军应用于人工智能生态系统、数字基建、导航等领域,并且与其他先进技术结合后,发展潜力巨大。在美海军装备维修保障领域也逐渐引入了人工智能技术,以提高装备维修保障能力。

5.2.4.1 技术概况

人工智能是研究、开发用于模拟、延伸和扩展人的智能的理论、方法、技术及应用系统的一门科学。作为计算机科学分支的人工智能,它试图了解智能的实质,并生产出一种新的能以人类智能相似的方式做出反应的智能机器。该领域的研究包括机器人、语言识别、图像识别、自然语言处理等。所以,人工智能可描述为计算机驱动的机器模仿智能人类行为的能力。在装备维修领域,人工智能可以联合机器人技术,在危险场景下为维修活动提供人类交互语言、识别物体等能力。此外,机器视觉可以允许机器人在不接触的情况下快速、远距离地识别、检查和确定周围物体的位置,是众多维修应用程序的基础,有助于准确判断装备情况。

5.2.4.2 应用案例

美海军人工智能技术不仅在舰船装备维修部门用于监督舰船装备维修相关软硬件状态,还被运用到美海军战机的装备维修中。

1. 人工智能维修解决方案驱动美海军装备维修升级

2021 年 5 月,美海军宣布已选择洛克希德·马丁公司和 IFS 公司提供的智能维修解决方案,旨在帮助推动将多个遗留系统进行数字化转型,成为单一的现代化物流信息系统,并通过结合人工智能和数字孪生技术实现了 3 000 多种装备(包括飞机、舰船和陆基设备)的维修功能。该平台借助人工智能和预测分析新信息系统,使美海军很快实现了由装备维修状态转向任务执行状态。该系统用户界面、工作流程简化,具备自动填充和智能搜索等功能,能有效提高维修效率,从而降低故障率和缩短维修时间,提高了美海军的战备状态。这一新工具将 20 多个独立应用程序重新设计为一个数字化集成系统,使美海军维修人员能够预测和解决海军装备系统上的潜在维修问题或部件故障。

2. 开发潜艇智能故障预测和健康管理系统

潜艇装备由于具有种类繁多、结构复杂等特点,导致其出现故障的可能性极大。为了迅速定位故障点,提高故障的解决效率,美海军开始使用基于人工智能高级推理+深度学习技术的潜艇智能故障预测和健康管理系统,SSN-21"海狼"级攻击核潜艇(图 5-16),就率先应用了潜艇智能故障预测和健康管理系统。

图 5-16　美海军 SSN-21"海狼"级攻击核潜艇

潜艇智能故障预测和健康管理系统是新一代装备维修与管理系统,基于智能的故障检测、隔离和预测及状态管理技术,其工作原理是利用潜艇上配置的各类传感器采集各种数据信息,然后对信息进行重新融合处理,以确认传感器信号的合理性;再借助各种人工智能推理算法来诊断潜艇各部位的健康状态,在其故障发生前对其进行预测,并结合各种可利用的资源提供一系列的维修保障措施。在潜艇上使用基于人工智能的故障预测与健康管理技术,可以提高潜艇可靠性、安全性和经济性,能够对潜艇的健康状态进行全面监控,完成故障检测、隔离和性能监控,使传统的事后诊断转向基于智能系统的故障预测,使原来由故障维修(事后维修)或定期维修被基于状态的维修所取代,实现潜艇不同级别、层次系统的智能故障诊断、预测以及健康管理。

3. 基于人工智能技术研发清洗和救援舰船的水下机器人

潜艇返港后,往往表面会附着大量水生生物,需要进行全面的清洗和维修工作。水下智能机器人可以替代人工,更加高效快速地完成此类工作。美海军非常注重水下智能机器人的研究。早在 2013 年,美海军就开始用水下机器人对舰船底部进行自动清洗,该机器人是海洋机器人公司首个仿生水下船壳清洁系统(图 5-17),由美海军研究局资助。它利用带有负压装置的轮子将其自身固定在船底,就像立体扫地机器人一样,智能扫描舰体结构,自动规划路线,可以在没有任何外部控制的情况下完成舰船清洁工作。该机器人目前也广泛应用到了潜艇的清洁任务中。

图 5-17　美海军仿生水下船壳清洁系统

除了舰船清洁,水下机器人在潜艇应急救援上也发挥了巨大作用。海底环境神秘且危险,潜艇在行驶中常常遇到需要紧急救援的突发情况。以往只能动用潜水员进行深海救援,其危险系数极高,且成功率有限,因此许多国家开始探索利用水下智能机器人进行潜艇应急救援工作。现有水下智能机器人系统,可在 2 千米深度的水下作业,并可以模块化装载,轻松集成各种配件,如各种声呐、机械臂、工具和传感器等。水下机器人可融合人工智能技术,在工作过程中也非常灵巧且易于操作。水下机器人携带一个 10 倍变焦彩色摄像机,将其安装在一个完整的云台上,就可以全景查看并分析水下环境,以执行潜艇的检查维修、搜索救援、海底观察、黑匣子恢复、港口保护、沿海海床调查、浅水测量等后勤保障工作,如图 5-18所示。可以预见,水下智能机器人将作为美海军水下力量的重要补充,为水下作战体系和后勤保障提供支撑。

图 5-18　智能水下机器人协助遇险潜艇

5.2.4.3　发展趋势

人工智能技术目前在美海军装备维修中主要应用于各式维修软件系统平台的升级。传统软件通过静态指令执行任务,而人工智能通过学习执行给定任务,这需要大量的数据收集、计算能力和持续的监视,以确保功能正常进行。大多数支持美国国防部作战任务的人工智能技术仍在开发中,这些技术主要集中于分析情报和增强武器系统平台,如不需要人工操作的飞机和舰船,或为作战提供建议。

美海军积极推进人工智能技术在装备维修系统中的发展。2022 年 3 月,美海军部署人工智能技术以解决装备维修问题。该技术充分利用海上舰船的人工智能、机器学习和数据分析等,可以在舰船航行期间,出现意外问题之前,提醒美海军士兵。此外,美海军还希望利用人工智能技术提升美海军航空兵的维修库存水平和供应链能力,利用人工智能与机器学习技术设计、开发和测试流程,通过优化实施和架构来提高美海军武器系统软件中重要的弹性与生存能力,同时考虑由于错误和特殊事件造成的故障,以便提高美海军装备的可靠性,从而降低维修需求。人工智能在预测性维修应用方面具有巨大潜力,例如,在基于状态的维修理念下利用人工智能方法来预测和减轻关键部件的故障,分析飞机任务退化因素,如外来物碎片和腐蚀,自动进行诊断并根据数据和设备状况进行维修,从而制定预测性维修解决方案的原型并展示可扩展性。这种基于人工智能和机器学习的应用方法能更准确地预测设备的维修需求。此类解决方案将显著提高飞机的可用性以及运营准确度,并降低寿命周期费用。

5.3　美海军装备维修技术的主要特点

随着未来智能化战场态势和保障模式的不断演变,各国军队执行装备维修保障任务的环境和条件也会更加复杂多样,维修技术引入的范围和领域也会大大拓展。当前,美海军在最大程度上将数字孪生、增强现实、增材制造、人工智能等先进技术引入装备维修领域,并对该领域相关的模块和运用方法等提出了更高要求,无论是从研发设计、架构布局理念,还是在标准规范、技术升级方法中,均体现出了前瞻性战略思维。具体来说,其主要有以下特点。

5.3.1　注重装备的日常维修检测

当前,美海军旨在通过将先进技术引入装备维修领域来实现装备的日常检修与风险预测,通过预测潜在缺陷和故障减少计划外的维修任务,从而达到提高维修效率的目的。因此,近年来,美海军在装备自主维修检测领域引入了大量先进技术并投入了许多精力,主要目的是时刻保障装备的战备状态。美海军认为日常维修检测是解决装备战备完好率和节约装备全寿命费用方面的最佳手段,为此将基于先进技术的装备日常维修检测作为当前的重点目标与方向。例如,美海军基于人工智能和机器学习等技术,优化了装备维修保障需求预测工作,并建立了相应的维修监测平台和工具。这些平台和工具可凭借其承载的智能化技术进行自我感知,并实时监控可能发生的故障,为装备后续的维修保障工作提供高度可靠的信息和数据。在此基础上,美海军负责装备维修的相关工作人员可根据这些信息预测维修保障需求,调整优化维修工作和需要采购、储存及维修的物资规模,从而尽可能节约成本,并避免由于装备故障造成的任务延误。此外,美海军还深入研究并创新引入了机器学习技术对装备故障进行预测和诊断,通过在舰船、飞机等装备的主要部件上加装传感器来将必要的数据传输到云端,预测软件可以对这些数据和装备运行模式进行分析,从而预判和诊断装备可能发生的故障与问题。与此同时,美海军也使用超级计算机及人工智能算法来实现装备故障的预判和诊断,这些技术的引入可使得装备无须定期维修,进而减少相关维修人员对零部件的需求、压缩了库存规模、优化了供应链流程,最终达到降低装备维修保障费用和减少装备故障延误等目的。

5.3.2　注重技术应用的深度和广度

在智能化作战的大趋势下,美海军装备维修保障体系的建设正在进行全方位的转型与改变。美海军认为,在新型装备维修保障领域,新兴智能化技术的引入能提升维修工作的效率和水平,在满足未来信息化、智能化战争保障需求方面发挥着至关重要的作用,是未来维修工作发展的重要驱动因素。为此,美海军十分强调装备维修工作中新兴技术引入的深度和广度,目前已将人工智能、数字孪生等各种类型的先进技术引入维修清洁、维修预测以及维修人员技术训练等不同方向的维修工作中,并逐步更新和探索引入的方式,尽最大可能通过抓住智能化技术来取得维修保障领域的战略性优势。例如,在维修训练方面,5G、物联网与增强现实/虚拟现实/混合现实的技术融合提升了装备现场实施维修能力和维修培训水平。2017年,美国国防部在维修中应用了物联网和增强现实技术,2018年,通过增强现实技术加强了维修培训和操作,2019年,用虚拟现实技术训练,开发了增强现实训练眼镜。在维修效率方面,通过区块链、增材制造和增强现实等技术,美海军能够利用机动的/基于云的可信的来源获得本地或全球的维修件,并借助远程引导眼镜将任何士兵转化为熟练的现场维修人员,使他们能够在现场就近进行维修。2019年,美海军在设备持续保障中利用增材制造和数字零部件数据库,着眼解决遗留装备零部件配置问题。由此可见,美海军在近几年装备维修领域中,十分注重全面引入先进技术,涵盖维修、预测以及训练等不同方向。

5.3.3　注重技术应用的军事效益

美海军在技术应用中首先关注军事效益,提高部队和装备战备完好性与作战使用效能。经过多年的建设与发展,美海军运用信息技术,利用系统集成概念,解决各信息系统间的互操作性和数据共享性能差的问题。例如,美海军研制的全资可视化系统建设,正在由单一兵种向全军的联合全资可视化系统建设过渡。美海军装备维修领域也大力推广交互式电子技术手册、便携式维修辅助设备等辅助工具,提高了舰员级维修作业的精准化、时效性及信息化水平。便携式维修辅助设备,是一种在维修点使用的移动计算机,它不仅能够协助维修人员查找、诊断、隔离、排除故障,整个过程都可以在屏幕上显示出来,而且还能够自动申请备品备件,并根据获得的状态数据制定维修方案,从而实现装备的故障诊断、隔离、备件申请和维修计划的有机结合,具有很高的自动化和智能化水平,为装备保障精确化提供了支撑平台。海湾战争后,美海军以完善的卫星通信网络系统为支撑,加速了装备保障手段信息化建设进程,先后开发了全球作战保障系统(GCSS)、全球运输网络系统、全资可视化系统等装备保障系统,实现了以信息流主导物资流、人员流,大大提高了装备保障的快速性、实时性和准确性。近年来,美海军大力加强人工智能技术的研发应用,先后研制出多种智能型检测诊断设备,如故障诊断专家系统、故障自动诊断预报系统、单兵维修系统等。根据测算,采用人工智能技术有针对性地对现役舰船进行预防性维修,装备维修任务量减少了20%,具有良好的军事经济效益。

第6章 美海军装备维修保障案例

海军战斗力的强弱很大程度上取决于装备保障效果的好坏。随着各国对海军建设的不断加强,各国海军对舰船装备维修保障力量的建设愈加重视。美海军也十分重视装备的维修保障,力求以最少费用、最大限度地保持和恢复装备的战备完好性,以发挥持续作战能力。美海军强调"海上自主、国际延伸、本土聚合"的理念,将装备维修保障分为基层级维修、中继级维修和基地级维修三级,并特别注重提升海上自主维修能力,在大型舰船上设有维修部门和专职维修人员。美海军不断改进装备维修保障模式,研究先进的维修保障技术,并以战争和军事演习进行实践检验,积累了大量维修保障案例,获得了丰富的经验。但是,2019 年,美国政府问责局的报告指出,美海军面临持续、严重的维修延误问题,阻碍了战备状态的及时恢复,主要原因包括船厂产能不足、熟练维修人员短缺以及作战部署期间的维修延迟等。而 2023 年 1 月,美国政府问责局的报告更是进一步指出,美海军舰船面临着持续和不断严重的维修挑战[①]。本章将对美海军在伊拉克战争、装备维修技术演习、航空母舰维修、全球远程装备维修和舰载机装备维修等保障案例进行分析,以便进一步了解他们的经验教训。

6.1 伊拉克战争中的美海军装备维修保障

2003 年,美国发动了推翻伊拉克萨达姆政权的所谓"自由行动"作战,并取得了压倒性胜利。虽然这是美国、伊拉克两国综合国力严重不对称的必然结果,但是美军的胜利与后勤保障密不可分。美军在对伊拉克作战期间不仅完成了后勤保障任务,还在应用保障新概念、快捷保障等方面取得了历史性新进展。从供应角度来说,后勤提供了相对精益的保障。美军在伊拉克战争中首次应用"配送式"后勤保障理念,在维修保障信息化、远程保障、利用民间保障力量等方面获得了丰富经验。

---

① 参见 GAO,Weapon system sustainment:navy ship usage has decreased as challenges and costs have increased,2023。

6.1.1　基本概况

在伊拉克战争中,航空母舰战斗群凭借其强大的攻击能力和机动能力成为重要力量之一。当伊拉克战争进入关键阶段时,美军部署了 5 个航空母舰战斗群,海上共有 155 艘舰船,占美海军兵力的一半以上,包括军辅船 47 艘、5 个航空母舰战斗群的 48 艘舰船和至少 11 艘其他辅助舰船、2 个两栖特遣大队的 14 艘舰船、3 个两栖预备大队的 9 艘舰船。美海军舰载飞机和直升机总数为 504 架,占战区部署飞机总数(1 100 架)的 46%。美海军和海军陆战队总人数达到 12 万余人,占美军战区总人数的 57%,在整个兵力构成中占据了重要的地位。参加伊拉克战争的美海军部分舰船如图 6-1 所示。

图 6-1　参加伊拉克战争的美海军部分舰船

为了对参战的舰船实施全程伴随保障,美军共派出 16 艘保障支援舰船,其中仅美国"吉生"号维修舰在 3 个月中就为 80 艘舰船完成了 3 000 余个维修项目,并抢修了被水雷炸伤的巡洋舰和两栖攻击舰各 1 艘。美国依靠先进的科技、专家队伍在远离战区万里之遥的地方对故障舰船实施全方位保障。在整个战争中,通过远程技术保障解决的装备技术问题就占总工作量的 51%。2003 年 10 月,仅 1 个月时间,远隔重洋的太平洋舰队技术保障中心就接到了战场前方打来的 18 个技术救援电话,这些电话 93% 涉及不同程度的远程技术保障,这些技术救援中仅有7% 要求岸上人员登船解决。

6.1.2　主要特点

在伊拉克战争中,美军的装备维修保障不仅呈现出海湾战争以来历次高技术局部战争装备保障的共同特点,还呈现出一些新特点,如装备消耗很高但战损率较低、对维修保障依赖性增加等。

6.1.2.1 装备保障信息化程度提高

在伊拉克战争中，美军装备维修保障体现出很高的技术含量，在维修领域大量应用了信息技术，同时加强了电子信息技术装备的维修。美军大量应用了自动测试与维修技术，解决了电子装备的保障难题。美海军部分水面舰船和岸上中继级维修机构设立了"微型/超微模块测试与维修计划中心"机构，原先只能在基地进行维修的复杂电路板和电子模块都可在该中心进行维修，大大缩短了电子装备停机时间，减少了备件库存。

6.1.2.2 远洋伴随装备维修保障能力提高

海湾战争后，美海军加强了海上随舰保障能力，这在伊拉克战争中发挥了极大的作用。美海军的维修舰主要有舰队弹道导弹潜艇供应舰、维修舰和驱逐舰供应舰。美海军各舰队弹道导弹潜艇中队配属1艘潜艇供应舰，担任中队旗舰并对所属潜艇的补给及维修保养职务。潜艇供应舰上有50多个工厂，配有各种维修设备，载有85 000多种备份零件、器材和10枚导弹，可对潜艇的电子与导航系统、发射控制系统、导弹发射系统及导弹弹体等就地进行维修和保养，并可为潜艇更换导弹。舰队弹道导弹潜艇的基本活动周期为100天，其中，30天出航准备（艇员轮换、维修保养与补给），70天海上巡逻执勤。

6.1.2.3 远程维修系统的广泛应用

自1993年2月，美军开始建设远程维修系统，包括视频辅助维修系统、士兵支援网络、佩带式计算机系统以及带诊断软件的传感器人工智能通信一体化维修系统等。在伊拉克战争中，远程维修在美海军装备维修保障中发挥了重要的作用。美海军利用卫星、网络等信息技术，将舰上损坏装备的详细情况，实时传给后方维修部门，由后方维修专家提出维修建议或维修方案，以快速进行维修。例如，"林肯"号航空母舰战斗群通过远程维修保障系统与圣迭戈的舰船维修保障中心、弗吉尼亚州诺福克的海军综合呼叫中心及海军海上系统司令部保持实时联系，实现了远程装备维修保障。

6.1.2.4 预备役和民间保障力量作用突出

大力加强预备役在战时装备维修保障中的作用，是美海军近年来发展的重点。在伊拉克战争中，美军首批征召的预备役人员大多是装备维修、工程建筑等专业技术人员。在美军负责战区保障的两个司令部内，预备役人员达到50%以上。在部队运输过程中，美军紧急动员了大量的海军预备役舰船和空军预备役的运输飞机。承包商对军队提供的保障达到了空前程度，而且大量的承包商人员深入前线提供保障，进入战场的承包商人员已经达到了约海湾战争时的20倍。美海军在伊拉克战争中使用了超过数千名的承包商人员,并完成了大量的装备维修保障任务。但同时,伊拉克战争中大量承包商人员进入前方保障也带来了其安全防护问题,引起了军方的关注。

6.1.2.5　装备维修保障技术日益先进

在伊拉克战争中,美海军舰船装备的战备完好率达到92%以上,为成功发挥其作战能力奠定了基础,这主要得益于美海军20世纪80年代开展的综合保障工程。美海军利用微电子技术、计算机技术、网络技术、传感器技术和人工智能技术发展高效、准确的故障检测与诊断设备。"嵌入式传感器集中控制故障诊断设备""系列化综合检测设备""防空武器自动检测设备"等设备都是利用先进的故障检测与诊断技术开发而成,这些设备的应用提高了保障效率。美海军以网络为中心的技术设备及相应软件建立了保障指挥技术网络,海上舰船通过网络与各种信息终端相连,形成了一个强有力的海上装备保障指挥系统。美海军还利用机械、电子、材料、工艺方面的多种技术,开发出了功率大、效率高、能力强的保障装备与设备。海上维修方舱、维修作业机器人等保障装备与设备还综合运用了机器人技术、快速黏结堵漏技术、电刷镀技术等多种技术,实现了较强的海上伴随保障能力。

6.1.3　经验教训

海军舰船是远离基地、长期独立或编队遂行海上各种任务的装备,其战斗力的发挥很大程度上取决于海上保障效果的好坏。美海军在长期的战争实践中总结积累了大量海军装备维修保障经验。随着海军装备技术的不断发展,美海军的装备维修策略与方法也在不断完善进步。

6.1.3.1　信息化是海上维修保障的发展重要方向

海湾战争之后,美军不断完善信息化体系,美海军计划2020年建设一个投送型的,以配送和维修为基础的,能够对海上作战编队实施精确保障的,精干、高效、灵活的数字化海上保障系统(是否建成,未知)。美海军加快建设无缝连接的海上保障指挥信息系统,以提高海上保障指挥调度自动化能力。建立覆盖海军保障的一体化信息系统,对未来海上军事行动所需的保障力量、保障资源、保障能力进行精确保障,实现集保障管理、指挥、行动于一体的保障指挥自动化,完成海上保障的实时调度指挥。信息技术的运用可提高装备维修的效率,可重点发展故障自动诊断和检测技术,将检测设备的检测电路和传感器部分安装到装备上,外设与装备检测电路连接或不用外设,即可自动显示主要部件状况,一旦出现故障,即可换件维修;还可利用信息技术逐步实现远程遥控检测技术。据称,在伊拉克战争中,美军参战的大多数主战武器装备都配备了数字化"工具箱",士兵们可用来随时对装备进行检测、维护和抢修。同时,美国本土的专家还可以通过远程信息网直接进行远程抢修指导,使装备修复率大大提高。

6.1.3.2 建立舰船装备保障全资可视化系统

通过全资可视化系统能够实时获取保障对象的需求及资源供应的类型、数量和流向等信息,从而实现全时段、全方位、全过程的供应保障。"可视化保障"的关键是传感装置和技术,这是实现海上"精确保障"的信息平台。伊拉克战争前,美海军根据对战争进程的预测,只储备了1~2周的保障物资,其他则通过较完善的全资可视化系统实现即时补给,既避免了物资的不必要流动和浪费,又提高了作战效益。美海军实施装备的"精确保障",充分运用以信息技术为核心的高科技手段,高效而准确地筹划和使用各种保障力量,在准确的时间、地点为部队提供准确的物资和技术保障。美海军通过网络、数据库、智能检测技术,全程控制装备物资的动态情况,整个保障实现了储备、配送及保障的"全资可视"。

6.1.3.3 注重一体化、综合化的海上装备维修保障力量编组

美海军将多项现代科技融合于现代大型装备之中,集作战与装备保障功能于一体或集提供各项保障的功能于一体。例如,"斯皮尔"号潜艇维修供应舰,负责11艘潜艇的海上维修。舰上设有数个日常潜艇维修的车间,携带数千万美元的维修物资,从零部件的铸造加工到电子、光学、机械设备的维修,功能齐全,自动化程度高,称得上是一座大型的、现代化的海上维修工厂。为保证技术保障能力的前沿存在,美海军不断提高国外驻泊基地和远离本土的保障基地的维修能力,以及前沿预置器材水平和战略海运能力。美海军还对机械零件加工设备进行升级改造,若器材供应不足,美海军舰船拥有复杂配件的应急制造能力。美海军的成功经验已经在扩展应用。例如,2022年8月,美海军舰船首次在印度进行了后勤保障工作,这也说明美海军在印太地区的舰船维修网络的不断扩张,为其在该地区持续高强度部署活动提供了保障。

在伊拉克战争结束的2003年美国国防部维修年会上,美军专门总结了经验教训,阐述了信息化条件下的现代战争的挑战,有关保障的战略策略等问题,包括一些具体问题。例如,战后美军提出了对合同保障需要深入研究;维修组织应当是具有综合解决快速供应的多功能组织;随着技术含量的增加,对战场和岸上修理的依赖不断增加,而这些被置于敌方区域的文职和政府雇员却没有经过军队的相似训练等。

6.2　美海军装备维修技术演习

2022 年 8 月 22 日—9 月 2 日,美海军在加利福尼亚州文图拉县海军基地举行了首次维修技术演习(repair technology exercise,REPTX)①。来自世界各地的不同公司,以及学术和政府实验室的团队带着其最新技术,在退役的"斯普鲁恩斯"级驱逐舰上进行了演示和现场试验。此次演习由海军海上系统司令部海军系统工程和后勤局技术办公室(NAVSEA 05T)赞助。维修技术演习是海军先进技术演习"沿海三叉戟 2022"(2022 年 6—9 月)的一部分,该演习由海军水面作战中心资产管理部组织,旨在展示、评估参与者的装备和保障的可行性与功效,从而扩大美海军执行远征维修行动的能力。

6.2.1　基本概况

在演习期间,技术供应商在演习试验舰船上展示了其解决方案。此次维修技术演习的目的是测试美海军应对世界舰队维修挑战的能力,包括评估和修复美海军演习试验舰船上可能的战斗损伤。海军系统工程和后勤局技术办公室选择了65 项技术参加此次演习,包括无人机和潜水器、增材制造设备、舰对岸通信系统、检查和维修工具,以及水下可视化设备。演习将这些技术融入各种船上场景中,如照明损失、船体上的外来物损伤、管道腐蚀和泄漏,以及舰船上层建筑的故障。

6.2.1.1　增强现实技术

如图 6-2 所示,在演习中,供应商展示了增强现实技术,在模拟的战斗损伤评估场景中提供通信和实时视觉效果,以及可以通过佩戴增强现实眼镜观看维修工作说明和视频,同时查看受损区域。船员在船上的状态观察室发现因垫圈问题而泄漏的法兰,一名预备役人员佩戴增强现实眼镜与其他地方的专家进行远程联系,以检查和收集故障数据。有了法兰组件的测量数据,参与演习的两家增材制造公司使用 3D 技术打印了零件,替换了损坏的垫圈。

6.2.1.2　无人探测系统

预备役人员能够远程控制机器人的场景包括识别船体侧面的未知物体,解开缠绕的螺旋桨;使用超声波测量由于腐蚀造成的金属损耗的深度,以及检查人员难以进入的狭窄空间。操作员使用配备摄像头的无人机绕着船飞行,对其进行检查。无人机的主要目标是通过快速创建数字模型等方式,确定腐蚀和错位物品等问题,并测试无人机在战斗损伤评估和修复方面的能力,这也是海军的一个重要关注领域。

---

① 参见 https://www.ncms.org/events/2022-reptx/。

图 6-2　维修人员佩戴增强现实眼镜查看有关维修场景的工作指令

美海军大约有 20 名预备役人员参加了此次演习,获得了使用遥控机器人的实践经验,并通过增强现实技术了解了各种维修过程。多家公司测试了美海军的无人机,以识别腐蚀等问题并寻找放错地方的物体。波士顿动力公司的 Spot 检查机器人进行了泄漏检测、热传感、仪表读数甚至激光扫描在内的检查。Gecko Robotics 相控阵机器人可在三个维度上运动,能够在海军士兵难以进入的狭窄和受损空间进行作业。此外,Sarcos 公司在演习中展示了多项技术,包括 Guardian S 视觉检测机器人、Guardian DX 遥控机器人和 Sapien 6M 机械臂,以及 VideoRay Defender 的 Sapien Sea Class 水下机械臂。在演习中,Guardian DX 遥控机器人使用美海军的标准旋转和冲击工具(图 6-3)、SurClean LLC 人工烧结工具和 VRC Metal Systems 冷喷涂工具去除了测试船船头垂直表面的剥落油漆[①]。

图 6-3　Guardian DX 遥控机器人

---

① 参见 https://www.sarcos.com/blog/demonstrating-robotic-systems-for-us-navy-at-inaugural-reptx-event/。

6.2.1.3　3D 打印技术

Essentium 公司展示了改进的 Essentium 280i HSE 3D 打印机,如图 6-4 所示。该打印机已在美海军部署应用。世界上较快的金属 3D 打印机的供应商 SPEE3D 在演习中使用了金属 3D 打印技术,通过打印港口和海上的军用海事零件,消除了供应链问题。SPEE3D 的金属冷喷涂 3D 打印工艺比传统 3D 金属打印快 100 ~ 1 000 倍。3D 打印技术能够在几分钟内随时随地生产出工业品质的金属零件。

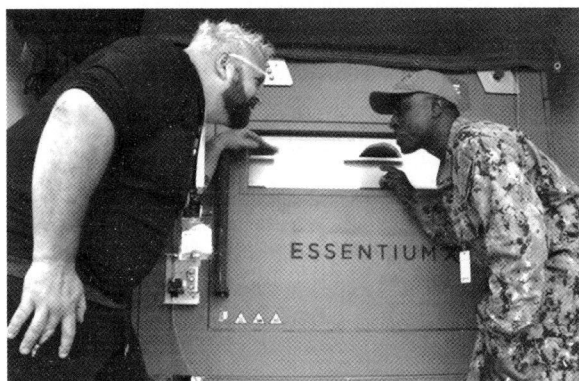

图 6-4　Essentium 公司的 3D 打印机参加美海军 2022 年的维修技术演习

6.2.2　主要特点

维修技术演习为供应商提供了一个逼真的技术应用环境,包括基地码头、航行中的舰船装备等,让供应商团队有机会部署、调整、学习和重新测试他们的技术解决方案。此次演习的主要特点如下。

6.2.2.1　聚焦重点领域最新技术

新技术的应用可以提高舰队的自给自足能力和持续保障能力,包括在需要的地方更快、更有效的维修,减少美海军船厂的负担,并提高舰船的任务执行率。超过 60 家技术供应商参与了此次维修技术演习,主要涉及四个重点领域的技术,包括可视化、指挥和控制辅助设备、前沿制造和远征维修。

(1)可视化是指动态检查方法,海军装备需要用动态的检查方法来"看到"自己和周围的情况。舰船需要"看到"吃水线上方和下方、船体内部和外部。

(2)指挥和控制辅助设备能帮助美海军指挥官整合来自各种外部来源和船上的数据,并显示整体操作视图,做出快速的、数据驱动的决策和实时态势评估。

(3)增材制造系统等前沿制造技术减少了舰船对长途供应链的依赖,提高了战区的战备能力。美海军需要能够减少供应链的距离限制,尤其是在竞争激烈的环境中。

(4)远征维修是指美海军在舰船靠前部署时进行维修作业和战损评估与修复的能力。

以上每一项技术除了要解决四个重点领域中的问题外,还要能适用于舰船的日常工作,即除了具有损伤控制作用外,还能服务于舰船的日常行动。

6.2.2.2 加强企业和军队的合作

维修技术演习提供了一个评估创新产品和服务军队的独特机会,这些产品和服务能帮助美海军进行必要的维修,以保持其在航能力。美海军海上系统司令部水面作战中心休尼姆港分部作为一个水面作战中心的下属部门,优先任务是提供并保持美海军战备状态,推动舰队现代化,并为未来的水面舰队部署新技术。该部门通过本次演习把工业界、政府和学术界联合起来,共同探索创新维修方案,并迅速提供给舰队前方部署的作战人员。在此次演习中,多家供应商关注基于现代化军事场景中使用的先进技术,包括 3D 打印技术、机器人、无人系统、增强现实、表面修复、通信和数据链接等。通过引进新技术,可以帮助美海军士兵掌握舰船的使用状态,最终提高整个美海军舰队的战备能力。

6.2.3 经验教训

为满足造舰计划要求的舰船规模,美海军一方面积极采购新舰船,另一方面致力于通过新技术应用和新材料的研发来维护在役舰船,主要包括采用冷喷涂、无人机腐蚀监测、复合材料补片、人工智能等,以及开发高性能舰船涂料等方式,以期延长服役时间。2022 年,美海军举行的首次维修技术演习,通过一系列的技术演示、现场试验等,提供了一个评估、发展和基于现场技术的解决方案的机会,从而满足舰队远征维修和作战保障的相关需求。此次演习的主要经验教训有以下两点。

6.2.3.1 注重同社会力量加强协作

维修技术演习是"沿海三叉戟 2022"演习的重要环节,该演习的目的就是加速美海军与其他机构、组织间的合作,以加强美海军的技术评估和应急快速部署,帮助美海军士兵改善舰船的作战条件,最终提高整个美海军舰队的战备能力。维修技术演习的一些最优成果来自与会组织之间的自发合作,这些合作展示了多种技术共同使用时如何更有效地发挥各自技术的效用。除了注重协作,组织者还使活动对每个参与者都具有教育意义,借助与美海军直接合作的机会,可更好地让美海军认识到先进技术对于未来战场惊人的作用。

6.2.3.2 聚焦重点领域的技术发展

由于海军舰船所处的独特环境,美海军正在加大规划力度,积极推进 3D 打印技术在装备维修保障领域的应用,提升了舰队战备能力,节约了时间和成本。美海军制定了 3D 打印技术发展路线图,在海军机群战备中心和区域维修中心,3D 打印技术以多种方式得以应用。另一项在美海军装备维修保障中得以快速发展的技术是人工智能技术。美海军水面部队正在着手打造在竞争环境中利用人工智能/机器学习技术的数字化基础设施,尤其是在大数据分析方面,人工智能技术可以有效地帮助后勤人员减轻负担,加快保障工作进程,使军事后勤和装备保障工作更加高效、敏捷。美海军正在与谷歌云合作开展研究,通过利用人工智能技术检测或预测锈蚀等问题。

6.3　美海军航空母舰装备维修保障案例

航空母舰是美海军作为夺取海上制空权和制海权的主要工具。目前美海军正在服役的航空母舰有 11 艘,其中 10 艘"尼米兹"级,1 艘为最新的"福特"级。由于航空母舰服役期限较长,为确保航空母舰及舰上装备能够满足作战需要,航空母舰需要定期或不定期接受维护和修理。例如,2021 年 8 月,"乔治·布什"号航空母舰(图 6-5)在经过 30 个月的维修后,离开美海军船厂,并将在重新进入训练和部署周期之前开始海上试航。

图 6-5　"乔治·布什"号航空母舰抵达诺福克海军船厂

6.3.1　基本概况

2019 年 2 月,"乔治·布什"号航空母舰进入诺福克海军船厂,如图 6-5 所示,进行干船坞计划增量可用性大修,计划持续 28 个月,部分原因是这艘拥有 10 年历史的核动力航空母舰需要进行大量维修和现代化改造。这些工作包括复杂的交付项目,如完整的轴和螺旋桨大修、方向舵翻新、走道和燃料箱保护,以及电子和战斗系统、弹射器的现代化升级。这是"乔治·布什"号服役以来最全面的一次维修和技术升级,也是非动力系统之外最复杂的大修工程。在维修期间,维修团队采用 3D 打印、增强现实、激光等前沿技术对航空母舰进行升级。船厂的工作人员执行了约 77.5 万个工作项目,维修时间比计划延长了 2 个月,其中诺福克海军船厂员工、承包商、来自海军各地的专家团队和船员开展了约 130 万个工作日的工作。

6.3.2 主要特点

由于航空母舰是海军装备中最为复杂的装备,其维修工作也是所有舰船维修任务中强度最大的。航空母舰的基地级维修是由一系列大型、复杂的维修任务模块组成的。航空母舰"维修周期"长短、所需维修任务类型以及"维修周期"内其他环节消耗的时间都会影响到航空母舰实际执行任务的时间。

6.3.2.1 明确定义航空母舰的维修过程

为使所有航空母舰维修保养合作机构能够协调一致地工作,过程管理计划和指南等文件对每个关键流程(特别是跨部门的维修过程)进行了明确的定义。以"尼米兹"级核动力航空母舰为例,其维修周期模式经过多次修改,最开始采用的是设计使用周期模式,1994 年开始施行增量维修计划(incremental maintenance plan,IMP),设置了多个连续的航空母舰使用维修周期,周期的时间跨度进行过多次调整,最初是 24 个月,目前采用的是 32 个月。采用增量维修计划消除了设计使用周期所产生的额外维修费用,也使航空母舰基地级维修任务更加均衡,同时维修时间与部署时间在整个维修周期内所占比例没有发生明显变化。

"尼米兹"级核动力航空母舰一般能服役 30～50 年,而在这期间,航空母舰需进行 3～4 次入坞级大修。在一个周期内,航空母舰要经历部署、待707和维修等几个阶段。根据维修规模的不同,分为 4 种类型:航空母舰增量维修、计划的增量可用性维修、入坞计划的增量可用性维修和换料大修。在核动力航空母舰约 50 年计划服役期内,总计将经历 32 次航空母舰增量维修、12 次计划的增量可用性维修、4 次入坞计划的增量可用性维修和 1 次换料大修。

6.3.2.2 拥有强大的国防工业基础支撑

美国强大的国防工业基础为美海军航空母舰基地级维修提供了支撑。诺福克海军船厂、纽波特纽斯船厂、普吉特海湾海军船厂等船厂和维修机构负责美海军航空母舰的主要维修工作,构成美海军航空母舰维修的工业基础。私营船厂主要完成航空母舰非动力装置的维修工作,即对航空母舰动力装置以外的系统进行维修;而美海军船厂主要承担航空母舰动力装置的维修,即对航空母舰核反应堆及其相关系统实施维修,这些工作大多需要在受控环境下进行。纽波特纽斯船厂是唯一能建造核动力航空母舰的船厂,负责"尼米兹"级航空母舰的换料大修工作。当诺福克海军船厂的设施或劳动力受限时,纽波特纽斯船厂被分配一些计划的增量可用性维修和入坞计划的增量可用性维修任务,同时还负责新建航空母舰的试航后维修工作。

6.3.2.3　维修任务量大和周期较长

美海军航空母舰在每次部署后都要进行例行保养,短则 4~6 个月,长则 12~18 个月。每次维修的任务也不同,如升级海水淡化设备、更新消防系统、升级甲板等,也可能是更换螺旋桨、大轴、蒸汽弹射器等,以此确保航空母舰在高强度部署情况下,始终保持最佳的工况和作战性能。对航空母舰来说,大修不是恢复到出厂水平,而是大幅增强装备性能。由于核动力航空母舰服役期限都在 50 年左右,随着科技水平的进步,每次例行保养时都会应用最新的成熟技术或设备,这样才能促进新技术、新设备的研发。

6.3.3　经验教训

美海军海上系统司令部于 1997 年专门设立了航空母舰维修管理机构"第一航空母舰小组"。该小组的主要职责是监督、审查和改进航空母舰维修工作流程(特别是跨部门的业务流程),减少航空母舰维修成本和维修时间。此外,该小组还发布和修订了多个航空母舰维修、保养指南与计划,如《综合产品组航空母舰维修指南》和《航空母舰舰队维修保养计划指南》等。该小组通过建立航空母舰维修工作的顶层结构框架,详细定义了航空母舰的维修过程,明确提出了 50 年服役期内各个阶段的维修技术要求。2014 年,美海军开始推出优化舰队反应计划,覆盖全部海军力量,包括航空母舰打击群、两栖戒备群、潜艇、后勤补给、巡逻侦察等单位,重新分配各级维修计划的时间和间隔。美海军针对航空母舰的维修,采取了以下主要改进措施。

6.3.3.1　重视维修过程和改进的技术评估

在航空母舰的维修中,需不断对航空母舰维修过程进行改进,以满足航空母舰维修周期要求。为确保新引入的维修过程和维修技术能够符合航空母舰维修的总体技术要求,第一航空母舰小组高度重视新的维修过程和技术的评估工作,并通过建立维修过程改进小组,对改进后的维修过程和技术进行严格的评估与监督。

6.3.3.2　提高航空母舰装备信息化水平

通过提升航空母舰装备的信息化程度,提高了装备的精确保障能力和远程保障能力。研制状态检测系统,在新一代航空母舰建造中全面采用了计算机诊断和状态管理系统,可实现准确的故障预测和维修。通过解决远程维修保障遇到的通信传输容量和传输速率等瓶颈问题,广泛推广远程维修等。美海军重视以网络为中心的远程技术保障手段建设,例如,美海军 2021 年版的《海军作战部长指导计划》提出,推广数据驱动的"按计划执行"(P2P)方法,以提高美海军部队战备能力。

6.3.3.3 实施"船厂绩效计划"

美海军海上系统司令部为了应对解决舰船维修出现的问题,开始实施"船厂绩效计划"。2015—2019 财年,美海军增加雇用船厂管理和维修人员,使员工规模从 33 501 人增加到 37 368 人。目前,美海军舰船装备维修延误天数已经从 2019财年的 7 000 多天减少至 2020 财年的 1 100 天,并有希望达到零延误的水平。美海军加强民间力量在航空母舰装备维修保障中的贡献。在美海军舰船基地级维修中,美国私营船厂至少占有 40%以上的份额。美海军船厂目前正在建立海军船厂维修装备保障系统,引入第三方维修和管理专家,从车间一级到船厂一级,全面审核美海军水面舰船装备维修工作的流程和效率,并提出改进建议。

6.3.3.4 升级装备维修设施和加强与私营船厂合作

美海军 355 艘舰船计划的进行,给舰船装备维修带来更大挑战,即维修工作量的增加和需要维修设施的更新。2019 年,美海军海上系统司令部发布《2020 财年海军舰船维修与现代化长期计划》,提出了舰队装备维修和现代化改造需要持续与充足的投资,以及美海军和私营船厂的密切合作,改变工业基础设施、劳动力和业务流程,以便为未来的工作量做好准备。美海军需要与私营船厂建立起稳定的合作关系,促进工作环境的改善,稳定劳动力队伍,并持续加强基础设施和固定设备投资。

6.4　美海军全球远程装备维修保障案例

自 2006 年以来,美海军驻扎在海外的舰船数量增加了一倍,驻扎在国外的海军舰船约占总舰队的 14%,以此进行地区威慑,并加强"伙伴"关系。有效及时地维修这些舰船,对于实现美国战略目标、满足作战要求,确保舰船达到预期使用寿命至关重要。为此美海军建立了强大的舰船全球维修体系。本节以"杰森·杜汉姆"号导弹驱逐舰(DDG 109,图 6-6)的快速全球维修为切入点,剖析美海军的全球远程装备维修体系。2015 年 2 月初,刚刚服役 4 年的"杰森·杜汉姆"号导弹驱逐舰在加勒比海巡航时,一台燃气轮机发电机组突发故障,之后该舰船被拖船拖进古巴的美军关塔那摩湾海军基地。来自佛罗里达州梅波特基地的应急飞行抢修队对该舰船进行了应急维修,使其继续执行任务。

图 6-6　"杰森·杜汉姆"号导弹驱逐舰

6.4.1　基本概况

"杰森·杜汉姆"号导弹驱逐舰部署在加勒比海地区时,其 3 台发电机中的 2 台出现问题,其中 2 号发电机的电气断路器出现问题,3 号发电机的 AG 9140 燃气涡轮机出现轴承故障需要更换。一支来自佛罗里达州梅波特基地的应急飞行抢修队从美海军东南区域维修中心乘坐 C-130 运输机紧急出发,并携带了一台新的燃气涡轮机及相应的装配工具箱、传动齿轮、一台特殊的工作车(以便把所有东西运到船上)。这支由 7 人组成的应急飞行抢修队包括 5 名现役军人和 2 名文职雇员。在出发之前,应急飞行抢修队按应急响应预案,做了大量的沟通协调工作,了解了该驱逐舰的故障详情,在海军东南区域维修中心进行了故障诊断,然后制定了抢修方案,备妥了所需的器材和人员。

在应急飞行抢修队抵达前,该驱逐舰上的舰员做好了各种力所能及的准备,拆掉了一些隔断墙,便于燃气涡轮机进出,并切断了相应的油路和电缆等。应急飞行抢修队更换了 3 号发电机的燃气涡轮机(图 6-7)以及动力输出轴。2 号发电机的熔断器维修主要由来自诺福克基地大西洋中部区域维修中心的另一支小队完成。通过紧急维修,3 台发电机恢复工作,"杰森·杜汉姆"号导弹驱逐舰离开关塔那摩返回海上执勤海域,继续执行任务。

6.4.2　主要特点

美海军远离后方,常年高频度在海外活动,故障在所难免,同时舰船装备日益复杂,舰员流动性也大,在每艘舰船上维持高水平"专家"级技师,是不现实的,也是资源浪费。因此,美海军重视发展全球保障系统,以提升保障能力。

图 6-7　3 号发电机的燃气涡轮机

6.4.2.1　具有快速响应能力

美海军各舰船的基层级维修越来越"傻瓜化",正常的维修中,舰员可以识别告警信号,根据指南解决一些简单问题,如果不能及时解决会向国家标准与技术研究所(National Institute of Standards and Technology,NIST)的舰队保障中心报警,描述故障特征。美海军积极利用远程支援系统,向舰船提供全球保障。每年,美海军的战舰都要利用呼叫远程支援多达几十万次,其中作为主体的"阿利·伯克"级驱逐舰可达 10 万次以上。远程支援系统具备在大战区范围内实施广域分布通信的能力,提高了装备维修效率和生存能力。

6.4.2.2　充分利用现代技术

为了提高美海军装备维修的效率,美海军的舰船上广布传感器。这些网络化的小型传感器安装于舰船上各种部件、管路内外,包括压力、振动、温度、生化和视频传感器等,以代替船员记录和发现设备故障的征兆,及时做出提示。"阿利·伯克"级驱逐舰主甲板以下船体内,拥有各类微型传感器超过 4 万个。这些传感器都是有线或无线联网的,数据会自动报给船上的各级故障检测设备,设备软件通过预设的数据异常阈值,来判断数据是否异常,设备是否有故障隐患,提示舰员处理,再通过通信卫星,传回 NIST 舰队保障中心。该中心汇集了美海军全球 200 多艘战舰的海量实时数据。该中心根据舰员上报的故障特征,以及卫星传过来的数据样本,通过数学模型、大数据分析系统以及海军技术专家,对数据进行分析,做出最终的故障诊断,进而提出解决方案,及时派出后续的飞行抢修队,实施全球保障。同时,增材制造、机器人以及无人机等技术也被广泛应用于舰船装备维修,这对改变美海军战损装备维修现状,缓解当前美海军面临的诸多舰船装备维修难题都起到了一定作用。

6.4.2.3　保障队伍结构合理

美海军舰船装备维修分为基层级维修、中继级维修和基地级维修三级。美海军在大型舰船上都设有专门的维修部门并配备专职维修人员,同时全面实施"海上维修训练战略",大力培训舰员、舰上专职维修人员,具有较强的海上自主保障能力。近年来,美海军重点发展远海机动保障力量和海外保障力量,适度扩大以航空母舰为核心的新型作战舰船装备维修保障力量规模。美海军的装备维修保障还充分利用社会保障力量,为军队节省了大量人力和费用,提高了效率。此次"杰森·杜汉姆"号导弹驱逐舰远程维修的队伍中,就有两名文职雇员。

6.4.3　经验教训

美海军保持大量水面舰船的战备性具有一定的挑战性,因为这些舰船在恶劣的海上环境中执行任务,并被要求在许多全球热点地区进行长期部署。美国政府问责局于2018年发布了一份报告,显示美海军水面舰船和攻击型核潜艇一直受维修延误困扰,2018年有17艘舰船无法执行任务。维修延误的主要原因是美海军船厂维修能力不足。美海军正着手解决维修延误问题,一方面利用私营船厂,另一方面提高美海军船厂效率。美海军已正式启动对美海军船厂的基础设施升级改造项目,大力提升对美海军舰船的维修能力。

6.4.3.1　全球布局维修基地

美海军基于《舰船维修主协议》和《舰船维修协议》,在全球布局了数十个海外维修网点。海外维修网点可为美海军舰船提供损伤评估和航行维修等服务,也可协助美海军区域维修中心派出的飞行维修团队,开展一定的中继级维修。美海军以网络为中心的维修利用互联网和军用通信网络,使维修机构和人员能够通过网络解决维修保障问题,降低了维修费效比。它主要从装备的远程诊断、远程测试及指导维修等方面发挥作用,包括视频维修辅助系统、士兵支援网络、可穿戴设备与计算机系统、带诊断软件的传感器人工智能通信一体化维修系统等。

6.4.3.2　改进装备维修程序

美海军作战部水面作战分部和海军海上系统司令部认识到,美海军维修资源(人员、物资和资金)是有限的,要满足政府赋予美海军越来越高的要求,必须制订和改进用于舰船与舰载系统维修的程序、工具。美海军还实施了水面舰船维修效果评审(surface – ship maintenance effectiveness review, SURFMER)计划。按SURFMER计划,建立了一个由工程师和舰员组成的小组,采用以可靠性为中心的维修理念评估原来的维修需求是否真的对设备有好处,是否真的有必要去做。

6.4.3.3　确立先进的装备维修保障理念

在美海军舰船装备跨越式、高速发展的当下,美海军不断用先进的保障理念指导保障力量的建设。美海军从过去岸基固定保障型向海上机动保障型发展,由近海保障向远海、海外保障转型。在建设功能上,美海军实现了保障力量功能的模块化、机动化,以适应美海军舰船部队多样化军事任务的需求,确保舰船装备维修力量向充实、合成、多能、灵活的方向发展。美海军提出"分布式海上作战"概念,提升后勤保障能力,建立可在高威胁区域随时行动的后勤网,以低成本、可持续的方式支撑作战。

6.5 美海军舰载机装备维修保障案例

2023年1月,美海军西南机群战备中心专家首次在"乔治·布什"号航空母舰上,维修了一架严重受损的F/A-18"超级大黄蜂"战斗机(图6-8)。在舰上维修战斗机不但减少了维修时间,而且还保持了该机所属第十航空母舰打击群(CSG-10)和第七舰载机联队的战备与任务能力。

图6-8 F/A-18"超级大黄蜂"战斗机降落在"乔治·布什"号航空母舰上

6.5.1 基本概况

2022年8月31日,"乔治·布什"号航空母舰上的VFA-136骑士鹰中队的一架F/A-18E战斗机右侧发动机起火,飞行员设法回到舰上并仅用一台发动机安全着舰。事故发生后,机械师和专家对战斗机进行了评估,火灾损坏了飞机的前模、通风门、68R门蒙皮和S11蒙皮、右舷发动机舱和其他相关部件,导致该机在剩余部署期间无法使用。综合各种情况进行研究后,航空母舰打击群指挥官决定在海上维修这架受损的战斗机。

由于这是68R和S11蒙皮的首次海上更换(图6-9),因此需要大量时间来计划和维修。经过3个多月的电子邮件和电话沟通,最终由来自西南机群战备中心的维修团队用了 33 天完成了损坏战斗机的修复工作。

(a)向损坏的飞机上钻复合材料　　　　　(b)刮掉发动机舱门上的钛索环

图 6-9　损坏战斗机的修复工作

6.5.2　主要特点

美海军对航空装备的维修保障非常重视,通过高效的装备维修保障计划,确保各型海军作战飞机维持较高的战备水平,以实现美海军高强度的作战任务。

6.5.2.1　积极协调部门维修行动

美海军航空系统司令部和机群战备中心共同组织领导海军航空维修工作,在海军航空维修机构、供应商和航空站之间建立灵活、动态的伙伴关系,协调各个司令部的维修行动,向美海军、海军陆战队和联合部队提供深入、广泛与综合的基地维修保障服务。

在 F/A-18E 战斗机的维修中,第七舰载机联队的积极沟通和机群战备中心技术人员的经验与应变能力,使维修任务在部署期间顺利完成。美海军协调了众多基地、机群战备中心和补给舰之间的后勤活动。虽然协调和建立关系花费了 3 个多月的时间,但结果是部署在打击群上的战术空中力量得到了增强,同时还为机群战备中心和已部署部队在未来类似情况下的合作积累了经验。

6.5.2.2　快速机动实施精确保障

快速机动、精确保障已成为现代战争的主题词,战争胜利在很大程度上依赖于装备的快速维修。美海军的现场维修一般由舰载机联队执行。舰载机联队的主要工作是用新的或修复后的正常组件替换故障组件,如现场维修无法完成,将由航空母舰和岸基航空站的维修人员进行,其任务包括对损坏或失效的部件、组件或零件组合进行校准、维修或替换,断供备件的紧急制造,对现场维修人员提供技术援助等。如果中继级维修也不能完成任务,飞机将被运送到中心海军基地,那里能提供更齐全的维修能力和设备。在航空母舰上对飞机进行精确保障,极大地缩短了维修周期和后勤保障线,并增强了部队的机动性。

6.5.3 经验教训

美海军航空系统司令部下设有 8 个机群战备中心,负责美海军、海军陆战队的战机、发动机及设备的中继级维修和基地级维修,每年维修费用达 40 亿美元。目前,美海军航空兵部队的维修保障能力存在严重不足,2014—2019 财年,美海军航空兵部队按时完成维修并交付的固定翼飞机,仅占总数量的一半。维修能力不足,直接影响到美军空中作战能力。为提高维修效能,美海军航空兵在机群战备中心采取了多种措施。

6.5.3.1 美海军制订了一系列计划

美海军试图通过列装新机、增加人力配置和提高维修效率等方式来改变这一困局,但受到国防预算制约,计划无果而终。2021 年,美海军推出一项旨在彻底解决航空维修问题的新计划,该计划能够通过数据驱动的方式,改进维修流程、提高战机性能,较彻底地解决飞机维修难题。

6.5.3.2 重视提高海上自主维修能力

大型舰船上设有专门的维修部门和配备专职维修人员,并全面实施“海上维修训练战略”,大力培训舰员、舰上专职维修人员。各舰船共设有 4 321 个核心维修岗位,管理装备的舰员都具有较强的自主维修能力,这使海上自主保障能力十分强大。航行中维护和修理飞机的能力是一项关键的作战保障能力,如 F/A-18E 战斗机的维修是在航空母舰服役期间完成的,证明了已部署的航空母舰具备高效管理和使用全频谱军事武器的能力。这一成功案例使该服务能够在作战期间保持空中装备的运行,而不必担心将飞机转移到地面进行维修。

6.5.3.3 改善备件供应

备件供应是飞机维修过程中必不可少的一个环节。美海军装备的很多零部件,其供应商都已停产,美海军无法获取制造数据、设计图纸等资料。这迫使美海军不得不寻求其他厂商定制生产,导致某些零部件质量不达标,或生产成本增加。因此,美海军只能将从积压的旧飞机上,拆下零部件作为一线主力飞机备件。2020 年,美海军航空系统司令部机群战备中心指挥官向 42 家小企业授出一份为期 10 年总金额达 61 亿美元的合同,以制造航空装备的零部件,使美海军和海军陆战队可以更快地获得飞机维修服务和不断的维修支持,提升其大修能力。

6.5.3.4 组建航空装备快速反应队

为了快速解决各机群战备中心在航空装备维修时出现的问题,机群战备中心总部挑选了一批优秀的工程师和高级技师,组建了航空装备快速反应队,向各级航空装备维修机构提供直接的支援保障。航空装备快速反应队成立后,通过派遣基地级维修专家到维修工作一线,有效增强了中继级维修能力,降低了维修成本,提高了装备战备完好性。

2022 年,美海军在航空母舰上试验部署后勤无人机,该计划源于美海军军事海运司令部和大西洋航空兵司令部对快速运输舰船与战机零部件的需求。由于目前美海军装备故障引起的任务失败在 90% 的情况下都可以通过更换总质量小于 9 千克的零部件来修复,为此,海军空战中心飞机分部专门开发了"远洋海上后勤无人机"方案,并且选中 Skyways 公司 V2.5 型倾旋翼无人机在"杰拉尔德·R.福特"号航空母舰上进行了测试。如果该测试成功,美海军可以用无人机在相对较短的时间里重新完成补给和维修工作,而不需要重新安排时间表并专门准备一架直升机完成这项任务,这将极大地提高了装备保障效率。

参 考 文 献

[1] KIM Y, SHEEHY S, LENHARDT D. A survey of aircraft structural-life management programs in the US Navy, the Canadian forces, and the US Air Force[M]. Santa Monica: Rand Corporation, 2006.

[2] HARRISON T, DANIELS S P. Analysis of the FY 2021 defense budget[M]. Washington:Center for Strategic & International Studies, 2020.

[3] CANCIAN M F. US military forces in FY 2022[J]. Change, 2021, 1: 819.

[4] WONG J, YOUNOSSI O. Improving defense acquisition: insight from three decades of RAND research[R]. Acquisition Research Program, 2023.

[5] SMITH T. USAF condition based maintenance plus (CBM+) initiative[R]. Air Force Logistics Management Agency report number LM200301800, 2003.

[6] JIMENEZ V J, BOUHMALA N, GAUSDAL A H. Developing a predictive maintenance model for vessel machinery[J]. Journal of Ocean Engineering and Science, 2020, 5(4): 358-386.

[7] BAKER W, NIXON S, BANKS J, et al. Degrader analysis for diagnostic and predictive capabilities: a demonstration of progress in DOD CBM+ initiatives [J]. Procedia Computer Science, 2020, 168: 257-264.

[8] SHARMA P, KULKARNI M S, YADAV V. A simulation based optimization approach for spare parts forecasting and selective maintenance[J]. Reliability Engineering & System Safety, 2017, 168: 274-289.

[9] MORO N. Life cycle of a military product[J]. Scientific Bulletin-Nicolae Balcescu Land Forces Academy, 2018, 23(2): 103-111.

[10] LEVERETTE J C. An introduction to the US naval air system command RCM process and integred reliability centered maintenance software [J]. The Reliability Centred Maintenance Managers, 2006: 22-29.

[11] KING M F. A reliability centered maintenance analysis of aircraft control bearings used in the navy's S-3 aircraft[R]. Naval Postgraduate School Monterey Ca, 1997.

[12] WOLFOWITZ P. Maintenance of military materiel[R]. Office of The Under

Secretary of Defense Washington DC Acquisition Technologyand Logistics/ Business Systems, 2004.

[13]　MACKIN M. Navy ship maintenance: action needed to maximize new contracting strategys potential benefits [R]. Us Government Accountability Office Washington United States, 2016.

[14]　RUFFINI A J. The standard navy maintenance and material management system (3 - M), its status and application [R]. Bureau of Ships Washington DC, 1963.

[15]　COYLE D M. Analysis of additive manufacturing for sustainment of naval aviation systems [R]. Naval Postgraduate School Monterey United States, 2017.

[16]　KULBIEJ E, WOŁEJSZA P. Naval artificial intelligence [M]//Marine Navigation. Boca Raton: CRC Press, 2017.

[17]　BRADLEY M, MICHAEL E M. A strategic assessment oft he future of U. S. navy ship maintenance[R]. RAND, 2017.

[18]　National Defense Research Institute. Aircraft carrier maintenance cycles and their effects[R]. RAND, 2008.

[19]　JOHN F S, MARK V A. Refueling and complex overhaul of the USS nimitz [R]. RAND, 2002.

[20]　ROBERT W B, BRADLEY M. Assessment of surface ship maintenance requirements [R]. RAND, 2015.